よくわかる
ワイヤレス通信 第2版

田中 博／川喜田佑介 著

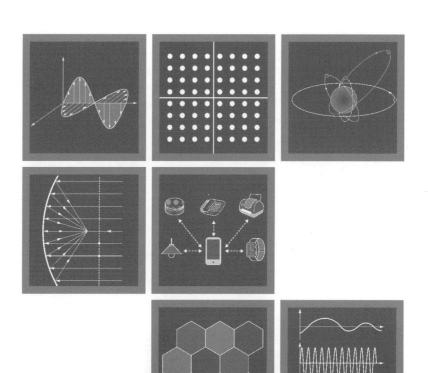

TDU 東京電機大学出版局

「章末問題」の解答はホームページに掲載しています。

https://web.tdupress.jp/downloadservice/ISBN978-4-501-33510-6/

または,

東京電機大学出版局ホームページ

https://www.tdupress.jp/

［トップページ］⇨［ダウンロード］⇨［よくわかるワイヤレス通信　第2版］

はじめに

　本書の初版を出してから 14 年が経過した．その間にモバイル通信システムも第 3，第 4 世代から第 5 世代に移行し，スマートフォンのみならず，無線 LAN などのワイヤレス通信システムが広く生活，ビジネスに普及するに至った．このような中で，「いつでも，どこでも，誰とでも」つながるという "ヒト" の音声を中心としたコミュニケーションの形態から周辺環境に存在する "モノ" 同士も相互に接続される「IoT 社会」が到来している．

　従来，ワイヤレス通信システムは有限資源である電波をいかに有効活用してより高速に情報を伝送するか，不安定な伝搬環境下においても，いかに安定した伝送品質を確保するか，という点に注力されてきた．現在はその方向性とともに，ネットワーク技術や人工知能技術などほかの技術領域との協業によるサービス創出が求められており，ワイヤレス通信システムはますます重要な位置を占めている．

　一方，電波という情報を運ぶ媒体の性質や各種システムを構成するそれぞれの要素技術の基本は変わらないものである．本書は初版と同様に，原理や技術の不変性と普遍性を重視し，基本的な原理，ワイヤレス技術やシステム技術に対する理解を深めることを目的にしている．その中で，初版における説明の見直しや追加，新たに測位システムや IoT システムの章の追加により，より発展した学習や将来のシステム検討に資する知識につながるように配慮した．

　基本的に，情報・通信・電気系の学部生を対象とした教科書を目指して執筆したものであるが，それ以外の学科や高専，専門学校の学生およびワイヤレス関連と異なる専門分野の技術者が，ワイヤレス関係の知識を必要とするときに参考にすることができるようにと考えている．本書がワイヤレス通信の基本原理，要素技術や現在のサービスを提供しているシステムに関する基本的な仕組みの理解の一助となり，さらに読者がより高度な専門領域への学習へと発展していくためのきっかけとなることを願っている．

2023 年 3 月

田中　博

目　次

「章末問題」の解答はホームページに掲載しています。

https://web.tdupress.jp/downloadservice/ISBN978-4-501-33510-6/

または，

東京電機大学出版局ホームページ

https://www.tdupress.jp/

［トップページ］⇨［ダウンロード］⇨［よくわかるワイヤレス通信　第 2 版］

第1章
ワイヤレス通信の発展の歴史

1.1 電磁気学からワイヤレス通信へ

　現在，電波を用いたスマートフォンがごく当たり前のように使われているが，電波が通信に使用されるようになったのは，ここわずか100年程度のことである．その基礎となる電磁気学の研究が進展したのは，19世紀の終わりごろから20世紀初頭にかけてであり，このときに現在のワイヤレス通信（無線通信）の基礎となる理論の研究や実験が行われている．

　イギリスの**マックスウェル**は，それまでに明らかにされていたクーロンの法則，ガウスの法則，アンペアの法則，ファラデーの法則やこれらの実験的研究から電磁界理論を発表し，**図1.1**に示すような電気と磁気の波動が互いに直交した関係を維持しながら空間を伝搬していく電磁波の存在を1864年に予言した．そして，その約20年後の1888年，ドイツの**ヘルツ**によってその存在が実験的に証明された．ヘルツの実験の基本構成は，**図1.2**に示すように高電圧による火

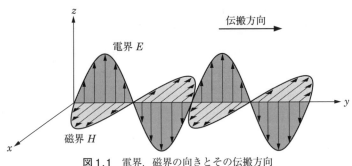

図1.1　電界，磁界の向きとその伝搬方向

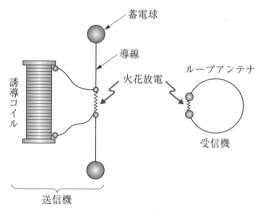

図1.2 ヘルツの実験の基本構成

花発生器からなる送信機と微小な間隙をもったループ状のアンテナに電極を取り付けた単純な受信機からなるものである．ヘルツは，送信側で火花放電をさせたときに受信側のコイルの電極間で火花放電するか否かは，受信側のコイルの向きに依存することを確認した．これは，ループコイルを貫通する磁力線の向きによって放電が起きるか起きないかが決まるためである．マルコーニがヘルツの実験を再現した装置を**図1.3**に示す．イタリア，ボローニャ近傍の**マルコーニ記念館**に展示されていたものである．

　その後1895年，マルコーニが火花放電を用いて2.4km離れた地点へのモールス信号の送信を実現し，ここにワイヤレス通信が発明されるに至った．そして1901年，大西洋横断通信実験に成功し，今日のワイヤレス通信の隆盛の基礎が築かれるのである．マルコーニは，ノーベル賞を受賞した後年，自分の発明が当時すでに利用されていた有線でのモールス信号伝送をワイヤレスに置き換えたものであることから，着想そのものはあまりにも基本的で単純であるため，その実用化を考えているほかの研究者がいないとは考えられなかったと述べている．実際，同様の実験は複数行われており，マルコーニの功績はワイヤレス通信の実用化にあるといわれている．

　初期のワイヤレス通信は，主にモールス信号を利用した船舶間通信の分野で利用されており，マルコーニによる発明からわずか10年後の1905年，日本独自の

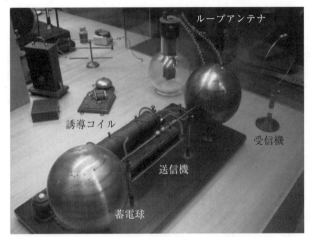

図1.3 マルコーニによるヘルツの実験の再現装置（提供：著者）

開発による無線機が日本海海戦で使用され，情報戦を制して日本海軍が勝利した事実は有名である．また，1906 年には国際遭難信号としてモールス信号の SOS が定められた．この SOS は，1912 年にイギリスの豪華客船タイタニック号によって，アメリカに向かう途中の北大西洋航路上で発せられることになる．

　その後，2 値の信号の組み合わせで情報を送るモールス信号方式から，音声情報をそのまま伝送するアナログ変調方式，さらには映像情報やデータ通信などの大容量の情報を伝送するディジタル変調方式へと，ワイヤレス通信は伝送容量の増大とともに発展していった．これらの発展を支える技術として，電子回路技術（トランジスタ→ IC → LSI → VLSI），マイクロプロセッサ技術（MPU）やディジタル信号処理技術の進展が不可欠であった．これらの技術により，ワイヤレス通信機器の小型化および低消費電力化，さらには低価格化が実現され，ワイヤレス通信の適用範囲の拡大につながり，一般のユーザがワイヤレス通信システムの恩恵を享受できるようになった．

　1970 年代までのワイヤレス通信の主な適用としては，大きな伝送容量，回線設定の迅速性・容易性を特徴として，基幹中継回線（コアネットワーク）に広く用いられていた．その中にはテレビ中継回線としての利用も含まれている．現在は，より大容量の情報を伝送する光ファイバの利用が進み，ワイヤレス通信の基

幹中継回線としての使命は終了した.

　今日，ワイヤレス通信は，基幹中継回線からユーザ端末のアクセス回線へとその適用の場を変えている．特に，スマートフォンを中心とした場所に拘束されない通信ネットワーク，いわゆるユビキタスネットワークの実現に大きく貢献している．従来の通信がケーブルに拘束され，結果として使用場所が限定されていたのに対して，通信の主体はあくまで人間あるいは情報の発信源であり，場所に拘束されないで通信したいという要求をワイヤレス通信は実現し，その利用領域を大きく拡大している.

1.2　モバイル通信の発展

　モバイル通信[1]システムの発展を**図1.4**に示して全体を概観する．NTT（当時日本電信電話公社（電電公社））は 1979 年，世界に先駆けて全自動交換の公衆自動車電話システムを開発，商用化した．ほぼ同時期に，アメリカとヨーロッパで

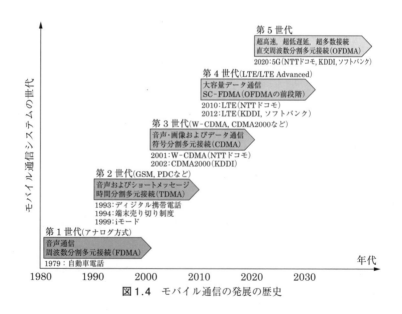

図1.4　モバイル通信の発展の歴史

1　移動通信，移動体通信ともいう.

も公衆自動車電話サービスが開始された．これらはいずれもアナログ FM 方式を採用しており，モバイル通信の歴史の中では**第1世代**と呼ばれている方式である．当時は自動車に搭載して使用するという形態であり，人が携帯するようなことは想定されていなかった．その後，1985 年に肩から下げることができるショルダーフォンが登場したが，まだ「携帯」というよりも「可搬」という状態であった．その後 1991 年，NTT が容積 150cc 程度の携帯電話を商用化するに及んで，一般ユーザに向けたサービスであるという認識が高まった．

ディジタル携帯電話は 1993 年に商用化されたが，当初はコストや消費電力などの観点から，アナログ方式に比べて優位な状況にはなかった．特に音声符号化における信号処理の負荷は，当時の MPU に対して過大である点が問題であった．しかしその後，MPU の性能が向上し，さらにディジタル化で有利となるデータ伝送などの需要が増加して，ディジタル方式での新規開発が行われ，1994 年から端末売り切り制度の導入もあり，その後の飛躍的な発展・普及を遂げた．このディジタル携帯電話は**第2世代**と位置付けられるが，大きな特徴として，ディジタル方式とともにパケット通信方式の導入がある．NTT ドコモは，パケットデータ通信を行う DoPa という名称のサービスを 1997 年に開始した．当初は，各種センサや自動販売機の情報などを遠隔地から収集する用途などに利用が限定されていたが，この技術をベースとしてインターネットとの接続を可能としたiモードの登場（1999 年）により，携帯電話の利用は音声通信のみならず，パケット通信が大きな位置を占めるに至った．成功の一因として，インターネットの利用が拡大した時代の状況が追い風となるとともに，その利便性を十分認識したユーザが携帯電話でもインターネットを利用するという新たな利用形態を開拓したこと，さらに基地局の積極的な新規建設などにより通信品質が向上したことが考えられる．

技術的な観点では，第2世代携帯電話の方式は，日本方式（PDC），米国方式（IS-54 など），欧州方式（GSM）の 3 方式があった．第1世代の携帯電話が FDMA 方式であるのに対して，第2世代は TDMA 方式が主流であったが，米国のクァルコムは軍事用途で開発された CDMA 技術を採用した方式を開発し，これも第2世代の携帯電話となった．当初この CDMA 方式は，基地局が受信する複数の携帯電話からの信号の電力強度をそろえるための送信電力制御が困難と

考えられていたが，この技術を開発することによって商用化にこぎつけ，日本で
は KDDI が本方式を採用するに至った．

　当時からビジネスや個人の活動が国境を超えて拡大する時代となっていた背景
もあり，携帯電話の方式が世界共通となり，個人の携帯電話をそのまま国外でも
使用できることが要望されていた．国際標準化機関の ITU-R[1]でも，国際標準の
統一が1つの重要なテーマであり，その結果，第3世代携帯電話の方式として，
日本とヨーロッパが提案した W-CDMA 方式と，アメリカが提案した cdmaOne
（第2世代）の改良版である cdma2000 方式が主たる方式となった．そして国際
ローミングサービスとして，日本で使っている携帯電話，その電話番号やメール
アドレスがそのまま国外でも利用できるようになった．

　機能的な観点では，第2世代の携帯電話がその伝送速度の制約からメールを中
心としたテキスト通信であったのに対して，**第3世代**の携帯電話では伝送速度
の向上，MPU の性能向上を受けて，画像，音楽データの送受信などのマルチメ
ディア対応のほか，位置検出，電子マネーなど多くの機能を実現している．今日
ではそれらは機能，性能をさらに向上させて，広く普及したサービスとなってい
る．

　2010 年には**第4世代**システムとも呼ばれる LTE（Long Term Evolution）[2]
サービスも開始され，各方式は1つの方式に収束した．同時に，MIMO（Multi
Input Multi Output）と呼ばれる空間多重技術という革新的な技術によって，飛
躍的に通信速度は向上した．並行してスマートフォンの普及も進行し，多様な
サービスを提供する真に生活の中心となるものとなった．

　そしてさらに，わが国でも 2020 年に 5G と呼ばれる**第5世代**サービスの時代
に突入した．5G は 4G よりもさらなる「高速」，「多数端末との接続」，「低遅延」
を実現するものである．これらの特徴により 4K/8K 高精細映像や AR/VR を活
用した高臨場感のある映像の伝送，自動運転サポートや遠隔医療など，さまざま
なサービス，産業の革新が期待されている．

1　International Telecommunication Union Radio Communication Sector：国際電気通信連
　　合・無線通信部門
2　厳密には LTE は第 3.9 世代とされていたが，一部の通信事業者が第 4 世代と呼んでい
　　ため，そのように呼ばれるようになった．

1.3 無線LANの発展

　いつでも，移動中を含めていかなる場所でも，通信を実現することを目標にモバイル通信が研究開発されたのに対して，無線 LAN はオフィスなど屋内エリアでのケーブル敷設の問題の解消を主な目的として研究開発された．さらに，有線ネットワークの伝送速度の高速化とともに，無線 LAN の伝送速度が通信システム構成上のボトルネックとならないように高速化されてきた．そのため，組織変更にともなうオフィス環境のレイアウト変更に柔軟に対応でき，有線ネットワークや異なるベンダの無線 LAN 機器との接続性を確保することにより，現在ではオフィスのみならず，家庭，空港，ホテルのロビー，カフェや商店街など，多くの場所で広く利用が普及している．スマートフォンにも内蔵され，モバイル通信，無線 LAN 通信がユーザの TPO に応じて使い分けられている．

　その発展を**図1.5**に示す．当初は 2.4GHz 帯の周波数を使用する 2Mbps[1]の無線 LAN が開発され，その後 11Mbps の伝送速度の無線 LAN がその速度によっ

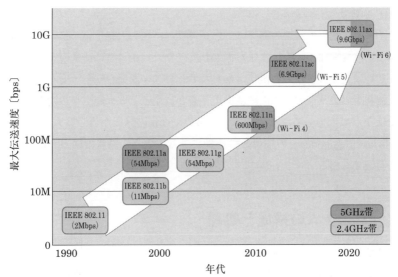

図1.5 無線 LAN の発展の歴史（出典：『日経 NETWORK』2018 年 11 月号）

1　bps は bit/s の意味である．本書では，基本的に bps で統一する．

て利用シーンを大きく拡大した．さらに近年は，後述する **OFDM** や **MIMO** の高速化技術を実装した数百 Mbps 以上の伝送速度を実現した機器を安価に入手できる状況になっている．ちなみに，**図 1.5** の「802.11 ○」は，無線 LAN の仕様を検討・策定する **IEEE**[1]の標準化の検討グループの名称であり，そのグループの名称がシステム名称として使用されている．なお，IEEE 802.11n，11ac，11ax はそれぞれ Wi-Fi 4，5，6 とも呼称される．

　スマートフォンにもモバイル回線接続とともに無線 LAN 機能も内蔵されている．家庭内，オフィスでも広く普及し，ホットスポットと呼ばれる人が多く集まる場所では，アクセスポイントが設置され，無料の接続サービスも多い．したがって，動画の視聴や大容量データのダウンロードなどは，その高速化もあり無線 LAN を利用する場合が多い．

　以上，代表的なワイヤレス通信システムとしてモバイル通信システム，無線 LAN の歴史を概観した．一方，身近なワイヤレスシステムとして，短距離通信の 1 つである **Bluetooth**，広域からのセンサデータを取得するなど，**IoT**（Internet of Things）システム構築に利用されている **LPWA**（Low Power Wide Area）も普及しつつある．

　ワイヤレス通信の初期の開発は，伝送速度の高速・大容量化，移動中の通信の確保という性能面の向上に主眼が置かれていた．近年は特に従来の性能向上の観点とともに，その技術の特徴を活かしたサービスの開発や安全・安心の向上，快適・便利さの追及など，人間生活をより豊かにするという観点からの開発がより重要になってきている．その意味で，IoT や近年の発展が著しい人工知能（AI: Artificial Intelligence）の技術との連動によって大きな価値の創出が期待されている領域でもある．

1.4　システムの構成と処理

　第 2 章からの各要素技術の説明の前に，ワイヤレス通信システムの構成と適用技術を**図 1.6** に示す．本書ではこれらの要素技術とそれらの技術を有機的に統

　1　Institute of Electrical and Electronics Engineers：米国電気電子学会

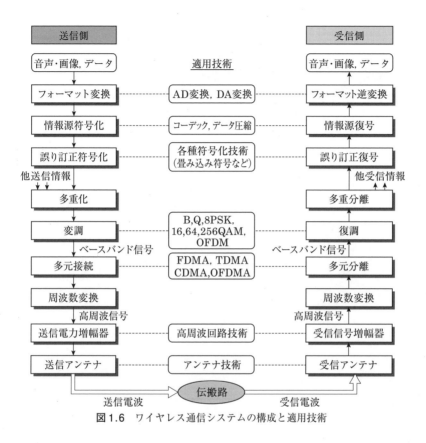

図1.6 ワイヤレス通信システムの構成と適用技術

合したシステムについて説明する．ワイヤレス通信システムとして多くのシステムが存在するが，これらの構成要素や処理の流れは共通的なものである．増幅器，アンテナの部分以外はディジタル信号処理として，ソフトウェア処理が主流になっている．もちろん，製品化にあたっては小型化などのために専用のチップを作成することが多い．

このように，多くのディジタル技術とアナログ技術によってシステムが実現，構成されている．次章以降，第6章まではワイヤレス通信を実現するために共通の要素技術について解説し，第7章以降でそれらの要素技術をベースに構築されているサービスシステムの構成やその仕組みについて説明する．

─────────────────── **章末問題** ───────────────────

1. 携帯電話が急速に普及した理由を考察せよ.

2. 無線 LAN が普及した理由を考察せよ.

第 2 章
電波の基本的性質

2.1 電波と周波数

(1) 電波の放射

電波（「電磁波」ともいうが，本書では「電波」に統一する）は，時間とともに変化する電界が磁界を作り，同じく時間とともに変化する磁界が電界を作り，それらが互いに作用しながら伝搬していく波である．電波の発生には，空間に電界が生じることと，その電界が外に放射することが必要である．

電波の放射の様子を**図2.1**に示す．一定の間隔で離した，空間上の2枚の平

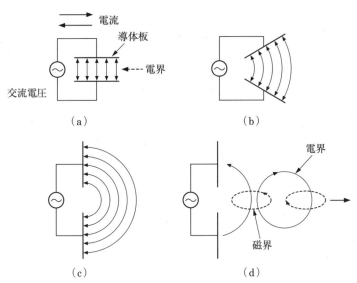

図2.1 電波の放射

行な導体板から構成されるコンデンサを例にとる．導体板に電圧を加えると，電位の高いほうから低いほうへ向かって電界が生じる．直流電圧を加えたときは，電界は一定の方向となる．一方，交流電圧を加えた場合は，電流が流れるとともに，コンデンサの電極間の電界は時間とともにその大きさと向きが変化する．

　図 2.1 の (a) の構成では，それぞれの導体板から発生する電界と磁界は互いに打ち消し合うため，ほとんど外に放射することはない．同図 (b) のように導体板の先端を開くと，電界と磁界が外に出やすくなり，同図 (c) の形にすると最も放射される形態となる．このとき，時間とともに変化する電界が磁界を作り，磁界も時間とともに変化し，両者が互いに直交関係を維持しながら空間を伝搬していくことになる（同図 (d)）．要するに，電圧を周期的に変化させると，電界の大きさが変化（振動）し，電界に直交して存在する磁界とともに振動が空間を波として伝わるようになる．

(2) 偏波

　電界と磁界に位相差がない場合，電界と磁界の変化は**図 2.2** に示すような形で y 軸方向に伝わっていく．このとき，電界の向き（振幅方向）が基準面（同図では xy 面，実際には大地など）に対してどの方向にあるのかという観点で電波を分類することがある．基準面に対して電界の方向が垂直（したがって磁界の方向は大地に対して水平）に伝搬していく電波を垂直偏波，その逆の電波を水平偏波といい，これらは偏波面が時間的に変化しないものであり，**直線偏波**という．一方，電界と磁界に位相差があると，電界の向きと磁界の向きが回転して伝搬する．これを**円偏波**（電界の先端が右回り，左回りによって右旋円偏波，左旋円偏波）という．

　衛星通信など直接波を受信するときは，送信側が直線偏波を用いている場合は偏波面を合わせて受信する必要があるが，円偏波の場合はその必要がないという特徴がある．陸上のシステムによる通信では直線偏波で送信されている場合でも，通常，受信側は多くの反射波を受信しており，受信波は多数の偏波面から構成されている．したがって，偏波面の設定を行うことなく通信が行われている．

(3) 電波の記述

　電波 $s(t)$ は上述のとおり，磁界と電界が相互作用しながら空間を伝搬していくものであるが，一般的に式 (2.1) の正弦波を用いて表現される．

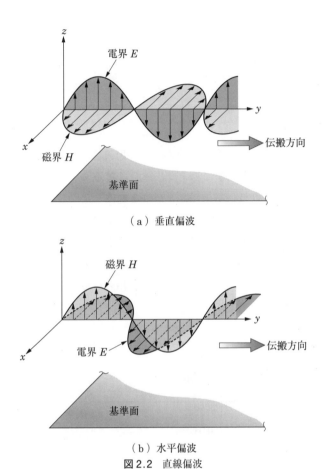

（a）垂直偏波

（b）水平偏波

図2.2 直線偏波

$$s(t) = A\sin(2\pi ft + \theta) \qquad (2.1)$$

ここで，

A：振幅〔V/m〕（電界強度で考えた場合）

f：周波数〔Hz〕

t：時間〔s〕

θ：位相〔rad〕あるいは〔deg〕

である．電波の1回の変化に要する時間，すなわち周期 T〔s〕と周波数 f の間，

また，光速 $c(3\times10^8\,[\mathrm{m/s}])$ と波長 $\lambda\,[\mathrm{m}]$ の間には，それぞれ次式の関係がある．

$$f = \frac{1}{T} \tag{2.2}$$

$$c = f\lambda \tag{2.3}$$

(4) 周波数の割当て

　ワイヤレス通信システムに使用される電波の周波数帯とその呼称，および主な利用システムの関係を**図2.3**に示す．法律上は**電波法**（付録 A 参照）として，3,000GHz（3THz）より低い周波数の電磁波を電波と定義している．後述するように，電波は周波数によって伝搬特性が異なり，その特性に応じてそれぞれのシステムが割り当てられている．微弱電波の機器など一部の機器を除き，基本的には電波を使用するためには国への申請とその許可が必要である．スマートフォンのようなサービスは，サービス事業者が電波利用の許可を得て，その許可された周波数帯域内でサービスをしている．

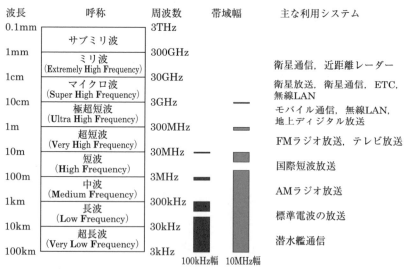

図2.3　電波の周波数，呼称，帯域と主な利用システム

　なお，周波数帯域幅として同じ 100kHz あるいは 10MHz でも，周波数が高いほど相対的に周波数帯としての幅が狭くなる（**図2.3**）．よく言われる，高い周

波数を用いることが周波数帯域の確保が容易であり，そのため通信システムとして多くのキャリア（第3章で述べる）を確保でき，高速化が有利であることはこの理由による．

2.2 電波の伝わり方

(1) 伝搬路

　我々が利用しているワイヤレス通信システムは，さまざまな経路を通ってきた電波を受信している．この経路を伝搬路（パス）と呼び，さまざまな伝搬路がある環境という意味で**マルチパス環境**ともいう．送信側から受信側までに電波が伝わる例を**図 2.4**に示す．基本的に受信側では，送信側から発信される電波の直接波，反射波，そして回折波が混在する合成波として電波を受信する．**直接波**とは，文字どおり送信側から直進して伝搬した電波である．モバイル通信などでは，直接波の受信は基本的にごくまれと考えられる．一方で衛星通信の場合は，基本的に直接波でなければ受信時の電力強度を確保することができず，屋内や建物によって衛星がさえぎられると通信は困難となる．

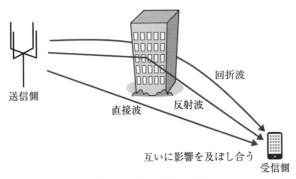

図2.4 電波の伝わり方

(2) 反射波

　反射波は，山岳を含めた大地や鉄筋コンクリートなどでできた建物によって反射された波である．金属などの導体は特によく電波を反射するが，大地による反

射波もある．電気を通しにくいガラスや木材などは反射しにくいが，これらに関しては電波の一部を吸収（熱として変化）して，一部を透過させることになる．したがって，屋内におけるモバイル通信などは，壁面，窓ガラスから透過した電波を受信していることになる．また，反射波はアナログ時代の TV 受信におけるゴースト現象の原因になる．ゴースト現象とは，反射波が主たる受信波に比べて時間的に遅れてくることにより，TV 受信機の画像上でわずかにずれた位置で反射波による同一の像が出現する現象である．

(3) 回折波

回折波とは，山岳，丘の頂点やビルなどの建物などの障害物の横を電波が通過するとき，その裏側に回り込んで進んでいく波のことである．波長が障害物の大きさと同程度か，それよりも長い場合，回折して影の部分に回り込む．周波数が低い電波ほど回折効果が大きくなるという性質がある．

(4) フェージング

実際の通信環境では，伝送すべき情報を載せた電波が複数の伝搬路を経て，多重された合成波として受信されることになる．このとき，振幅や位相がずれた電波が合成される．この結果，もともとの発信源からの電波の波形が歪んだり，受信電力強度が低下したりする．この現象を**フェージング**という．フェージングによって受信特性が大きく劣化することになるが，これが有線による通信とワイヤレス通信の決定的な差異である．特にモバイル通信においては，その受信位置が変化することからフェージングの影響を大きく受ける．フェージングとして最も極端な例を**図 2.5** に示す．2 つの波が等振幅かつ逆（位）相（π [rad] の位相

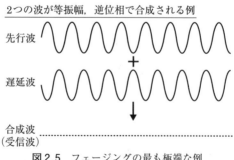

図 2.5　フェージングの最も極端な例

差）で合成される例である．この場合，合成波の振幅が0となり，受信側での受信は不可能となる．なお，受信強度が大きく低下する点をヌル点といい，受信困難になる場合が多い．

(5) 減衰

電波は空間を伝わっていくので，3次元的，すなわち球状に広がる．その様子を図2.6に示す．図からも明らかなように，3次元に広がる電波のエネルギーは距離の2乗に比例して弱く（減衰）なる．したがって，アンテナの工夫によって単純な球状にエネルギーを放射させない指向性アンテナを用いることが望ましいと考えられるが，スマートフォンのアンテナなどは，通話中の人の向きに依存せずに品質を確保する観点から，等方性（指向性をもたず，どの方向にも一様に電波を送受信する性質）のアンテナが要求される．一方，衛星通信では，その伝搬距離の長さから減衰量が大きいため，基本的に指向性の強いアンテナが用いられており，アンテナの向きを高精度に合わせる必要がある．

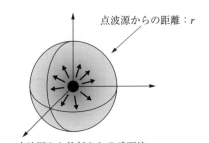

点波源からの距離：r

点波源から放射される球面波

点波源のエネルギーは伝搬とともに$\dfrac{1}{4\pi r^2}$に低下する

図2.6　電波の減衰

この減衰は，波長が短いほど大きく，周波数の2乗に比例する性質があり，**伝搬損失** P_L として次式で求められる．

$$P_L = \left(\frac{4\pi r}{\lambda}\right)^2 = \left(\frac{4\pi r f}{c}\right)^2 \tag{2.4}$$

この式は障害物のない自由伝搬空間でのものであるが，回折や反射の影響がある市街地では，距離の3～4乗に比例して減衰することが経験的に知られている．

(6) 干渉

干渉とはある機器からの電波と同じ周波数帯のほかの機器からの電波が存在する場合，結果としてフェージングと同様に互いに影響を及ぼし合うことをいう．これは，ワイヤレス通信の品質を劣化させる大きな要因である．無線LANのアクセスポイントの近くに別のアクセスポイントがあり，同じ周波数を使用する場合などは，干渉が発生する代表的な状況である．電子レンジ（英語名：microwave oven）が同じマイクロ波帯の電波を使用する無線LANの干渉源となるのもこの一例である．

したがって，それぞれのワイヤレス通信システムは基本的に各システムに個別の周波数帯域が割り当てられており，微弱無線など一部の通信機器を除き，許可なく電波を発信することはほかのシステムの妨害となることから，電波法で禁じられている．

ワイヤレス通信システムにおける電波受信環境は，場所および周波数帯によって異なるが，常にその通信品質を確保することが1つの課題である．また，周波数割当てということからも明らかなように，限られた周波数資源を有効に使用すること，その制約の中でより大容量・高速，高信頼かつ安全に情報を送ることがワイヤレス通信システムの大きな課題であるといえる．通信システムとしての観点からみたとき，有線通信システムとの比較を**表2.1**に示す．

表2.1　ワイヤレス通信システムと有線通信システムの比較

項目	ワイヤレス通信システム	有線通信システム
通信形態	$1:1$, $1:n$, $n:1$の固定通信，モバイル通信	基本的に$1:1$の固定通信：マルチキャストの場合，膨大なパケット数
伝送媒体	開空間：盗聴の可能性	閉じた伝送路：光ファイバ，同軸ケーブルなど
情報の伝送量	制約あり（周波数帯域が有限）	大：光ファイバによる波長多重技術の採用など
伝送の安定性・品質	悪：補償技術が必要	良
回線の設置性	良	悪：回線敷設工事が必要

2.3 アンテナの基本原理

(1) アンテナの役割

アンテナは**空中線**とも呼ばれるが，**図2.7**に示すとおり，送信機からみた場合，その基本機能は高周波電力を効率よく電波のエネルギーに変換して空間に放射することである．逆に受信機からみた場合は，空間から電波のエネルギーを効率よく受信し，受信機に送ることがその基本機能である．このため，アンテナのインピーダンスと給電線のインピーダンスが不一致の場合は，送信機が送出したエネルギーがアンテナから放射されず，一部が反射して戻って来るため効率が低下する．このような効率の低下を解決するために，必要に応じてアンテナのインピーダンスと給電線のインピーダンスを合わせる整合回路が用いられる．

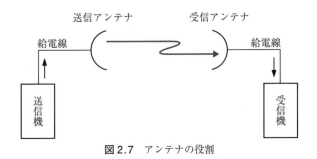

図2.7 アンテナの役割

ここでインピーダンスとは，交流回路における電圧と電流の比であり，直流における抵抗の概念を交流に拡張したものである．抵抗は直流回路に対して一定の値となるが，インピーダンスは交流回路の周波数によってその値が変化する．

アンテナは，送受信アンテナとして送信・受信機能をともに具備する構成が一般的である．なお，高周波電流を導線に流すと，表面の非常に薄い部分のみを電流が流れる表皮効果の影響が大きくなるので，マイクロ波帯以上の周波数帯では同軸ケーブルなどの給電線ではなく導波管[1]が使用されるのが普通である．

1　マイクロ波やミリ波付近の波長の電波を通すための金属性の管

(2) アンテナの種類

　使用する周波数帯によってアンテナの形状や構成は異なる．構造によって分類すると，主にモバイル通信や TV 信号など UHF 以下の周波数で用いられる放射体が線状導体からなる**線状アンテナ**（ループアンテナ，ヘリカルアンテナなども含まれる．「線状」は必ずしも「直線状」を意味しない），周波数が高くなり波長が短くなるマイクロ波帯以上では，衛星通信用などで広く使用されるパラボラアンテナなどの**開口面アンテナ**，さらに複数のアンテナ素子を特定の間隔を確保して配置し，これらに給電する振幅や位相を変えて所定の放射パターンを確保（ビーム成形）する**アレーアンテナ**が代表的なものである．なお，放射パターンを受信状況に応じて適応制御するアンテナが使用されている．このアレーアンテナはアダプティブアンテナとも呼ばれている．

(3) アンテナの性能

　アンテナの特性や性能は指向性，利得として表現されることが多い．指向性とは，アンテナから電波が放射される方向とその角度特性を示すものである．モバイル通信など，人のもつアンテナの向きが 360° 変化するものについては，通信の安定性を確保するためには 360° の方向に向かって放射し，あらゆる方向からの電波を受信する必要があるので，無指向性のアンテナ（等方性アンテナあるいはオムニアンテナと呼ばれる）が望ましい．一方，衛星通信は伝搬距離が大きく，信号の電力が大きく減衰するため，目的とする方向に電力を集中して放射する必要がある．このため，極めて高い指向性をもつアンテナが要求される．

　重要な性能指標であるアンテナ利得は，そのアンテナがどの程度電力を集中して放射できるか（送信利得），あるいは電力を集めて受信できるか（受信利得），という尺度である．アンテナ利得 G の定義は，アンテナからある方向へ放射される電波の電力密度 P と，同一の電力が給電されている基準アンテナ[1]から放射されている電波の電力密度 P_0 の比であり，以下の式で表される．

$$G = 10 \log \frac{P}{P_0} \text{〔dB〕} \tag{2.5}$$

アンテナ利得は，式(2.5)のように対数をとって**デシベル**（dB）で表されるこ

　1　アンテナの利得［dB］を示す際に基準とするアンテナのこと．

とが一般的である．これは，あくまでその値が相対的なものであることに注意する必要がある（付録 B 参照）．対数に変換することによって乗算，除算が単純な加算，減算に置き換えることができ，第 9 章で述べる回線設計が容易になる．基準アンテナには，等方性アンテナと 1/2 波長ダイポールアンテナが用いられる．前者を基準に用いた場合は**絶対利得**，後者の場合は**相対利得**という．したがって絶対利得は，全方位に一様に電波を放射した場合に対してそのアンテナが放射方向に何倍の電力を放射することができるかを示す．絶対利得は dBi（i：isotropic）を単位として開口面アンテナなどの特性を示すことに，相対利得の場合は dBd（d：dipole）を単位として線状アンテナに使われることが多い．なお，絶対利得 G_a と相対利得 G_h の間には以下の関係がある．

$$G_h = G_a - 2.15 \, [\text{dB}] \tag{2.6}$$

これは，等方性アンテナの利得が 1/2 波長アンテナの利得よりも 2.15dB 小さいこと，すなわち，1/2 波長ダイポールアンテナが指向性をもつことによる（2.3.(4)項参照）．

また，アンテナには一般的に可逆性があり，利得，放射パターンなどの送信の特性は受信の場合でも同じである（ただし，送信周波数と受信周波数が異なる場合は，若干の相違がある）．なお，受信の場合は放射パターンとはいわず，受信パターンと呼ばれる．

(4) 線状アンテナ

線状アンテナとして代表的な 1/2 波長ダイポールアンテナの基本原理を**図 2.8** に示す．平行する 2 本の導線から構成され，これに高周波電圧を加える．点線は電流の振幅の大きさを示している．この状態では，導線の先端から先へは電流の行き場がないので，先端の電流は 0 になる．同時に，先端からは電流が反射して戻ってくる．したがって，導線

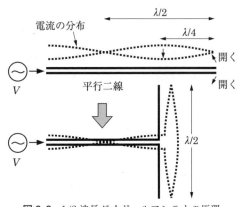

図 2.8 1/2 波長ダイポールアンテナの原理

内の電流分布は図の点線のようになる.

　図 2.8 に示すように，先端から 1/4 波
長の箇所で直角に先端を開く構造にする.
すると先端の電位は 0 のまま，真ん中から
高周波電流を供給する 1/2 波長の導線とな
る．この位置を給電点として電流の振幅が
最大となる定在波が生じ，ここから空間に
電磁波が放射される．このように，導線内
の電流の共振による定在波を利用したもの
が，線状アンテナの基本原理である.

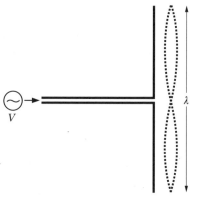

図2.9　1波長ダイポールアンテナの原理

　同様な構造で 1 波長の長さのダイポール
アンテナを図 2.9 に示す．この場合は，
アンテナの先端と給電点となる真ん中の位
置で電流が 0 になる定在波が生じる.

　この現象と**鏡像の原理**を利用したアンテ
ナがモノポールアンテナである．モノポー
ルアンテナは，完全導体の面の上にダイ
ポールアンテナの半分の長さのアンテナを
立てると，導体の内部に面に対して対称と
なるように，ダイポールアンテナの半分の
長さのアンテナの鏡像ができること（鏡像
の原理）を利用するものである（**図 2.
10**）

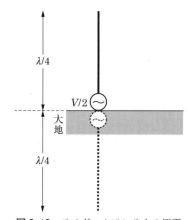

図2.10　モノポールアンテナの原理

．完全導体の面を線対称の中心として，面の上と面の下の全体でダイポール
アンテナと同様に動作する．実際には，アンテナと接続している送信機の出力の
一端を接地（アース）することによって，1/4 波長あるいは 1/2 波長のモノポー
ルアンテナを構成する．アンテナの長さを小さくできるメリットがあるので，こ
のアンテナ構成は広く利用されている.

　微小ダイポールアンテナの指向性を**図 2.11** に示す．図に示すように，ドーナ
ツ状，すなわち電界強度はアンテナ素子の水平面の周りに円形に広がった形とな
る．理想的な等方性アンテナはすべての方向に対して（球状に）放射するが，こ

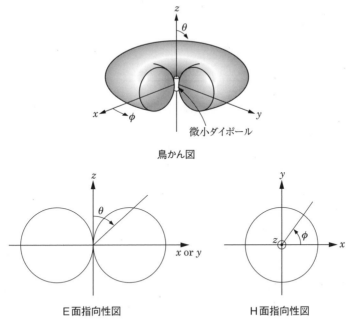

鳥かん図

E面指向性図　　　　　　　　　　H面指向性図

図 2.11　微小ダイポールアンテナの指向性

れに対してダイポールアンテナでは，放射方向と直交する方向には電波は放射されない．このため，1/2 波長ダイポールの放射強度は，等方性アンテナと比べて 1.64 倍強い．したがって，アンテナ利得は $10 \log 1.64$ から約 2.15dBi となり，式 (2.6)はこの意味で 2.15 を引くことになる．

　かつては折り畳み型の携帯電話で伸縮式の線状アンテナが使用されたように，アンテナが明確であるものもあった．近年のスマートフォンでは見栄えや触感といった工業デザインの観点からアンテナが目立つようなことはなく，きょう体の一部をアンテナとして利用しているものが多いと思われる．

(5) 開口面アンテナ

　開口面アンテナは，その面で受けた電波を集約してエネルギーとして取り出すことが基本的な機能である．その代表的なアンテナである**パラボラアンテナ**の原理を**図 2.12**に示す．図に示すように，電波に直交する S 面から反射して焦点に至るまでの光路長は一定である．逆に，この光路長が一定という条件を満たす面

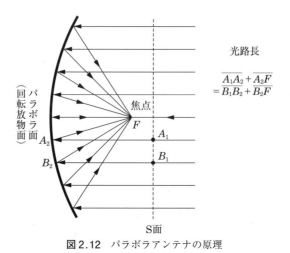

図2.12 パラボラアンテナの原理

が回転放物面，すなわちパラボラ面である．したがって，パラボラアンテナへの電波は時間差なく焦点に集まる．図からも明らかなように，パラボラの面積が大きいほど利得は増加する．その利得 G_a は，次の式で表される．

$$G_a = \frac{4\pi A}{\lambda^2}\eta \tag{2.7}$$

ここで，

　　A：アンテナの開口面積

　　λ：波長

　　η：アンテナ効率

である．事実上の開口面積は，物理的な面積である A に**アンテナ効率** η をかけた分だけ小さくなる．アンテナ効率は，アンテナの形式などに依存する．

　アンテナの利得を向上させるためには，指向性を高めること，すなわちビームを絞ることと不要な方向への電波の放射を抑制する必要がある．指向性を記述する尺度として，アンテナ**ビーム幅**がある．アンテナの指向性とビーム幅を**図2.13**に示す．放射エネルギーがピークの1/2（電界強度が0.707（エネルギーは電界強度の2乗に比例））となるまでの角度をビーム幅として定義し，これをアンテナ指向性の尺度としている．なお，ビーム幅 θ は開口面アンテナの場合，以下

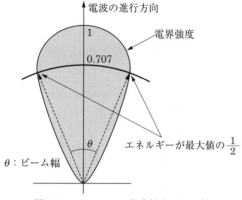

電波の進行方向

1

0.707

電界強度

エネルギーが最大値の $\frac{1}{2}$

θ

θ：ビーム幅

図 2.13 アンテナの指向性とビーム幅

の式で与えられる．

$$\theta = 1.15 \frac{\lambda}{D} \tag{2.8}$$

ここで，θ はラジアン表記であり，D はアンテナの開口径である．

アンテナの性能を表すほかの重要な指標として，受信（送信）周波数帯域と**サイドローブ特性**がある．サイドローブ特性とは，主方向以外に発生する放射電磁界のことである．受信（送信）周波数帯域が広いほど適用領域が広く，さまざまなシステムに利用することが可能となる．しかし，同時に不要な周波数成分も受信してしまうことになる．また，アンテナ効率の確保も難しくなるという問題がある．不要電波の受信，不要な方向への電波送信によるほかのシステムへの与干渉などの問題が生じるので，サイドローブ特性が極力小さくなるように設計する必要がある．

(6) アダプティブアンテナ

大容量化のために，同じ周波数帯に多数の端末を収容することが求められている．このため，不要波の方向に放射パターンのヌル点[1]を形成して不要波の受信を回避したり，希望波の方向の利得を高めたり，複数のビームを形成して複数の方向からの受信を可能とするのが**アダプティブアンテナ**である．

1　ある到来方向からの電波が全く受信できない点のこと．

　アダプティブアンテナによる放射パターンの一例を**図2.14**に示す．本アンテナはアダプティブアレイアンテナと呼ばれることもあるが，アレイという名のとおり，多くのアレイ素子から構成される．ビームの形成は各アレイ素子の振幅と位相の制御をディジタル信号処理によって行うが，これをディジタルビームフォーミングという．同じ周波数で同時に複数の通信が可能であるので，後述するMIMOを使用したシステムで利用されている．

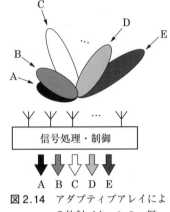

図2.14　アダプティブアレイによる放射パターンの一例

章末問題

1. 電波にはどのような性質があるか，周波数との関係を含めて述べよ．
2. マルチパスフェージングとは何か説明せよ．
3. ワイヤレス通信と有線通信を比較し，その優劣を説明せよ．
4. 周波数 1GHz の電波の周期〔s〕，波長〔m〕を示せ．
5. 周波数 1GHz と 5GHz の電波をそれぞれ同じ電力で放射した場合，10m 遠方での電波の強さ（電力密度）の比を求めよ．
6. 周波数 12GHz，直径 0.4m，効率 0.6 の受信アンテナのアンテナ利得〔dB〕とビーム幅〔deg〕を求めよ．
7. 電力が 3 倍，1/3 倍になったときのデシベルとしての変化量を示せ．
8. 5dBm，−5dBW と記述される電力は，それぞれ何〔mW〕なのか示せ．また，100mW は何〔dBm〕か．

第3章
変復調方式

3.1 変復調の目的と基本構成

　情報として送信すべき信号（通常**ベースバンド信号**と呼ばれる．以降，ベースバンド信号とする）をそのまま無線信号として送信することは，無線周波数帯域の確保とその周波数の電波としての性質の観点から現実的ではない．そのため，ベースバンド信号の周波数成分より高い無線周波数帯域として割り当てられている周波数に変換して送信している．つまり，ベースバンド信号を電波に載せ，その電波を送信することによって情報を送り，受信側ではその電波から載せられていた情報を取り出すことによって情報を得るという手続きを踏んでいる．ここで，ベースバンド信号を載せる電波を**キャリア**（carrier：運ぶものという意味）あるいは**搬送波**と呼び，ベースバンド信号をキャリアに載せることを**変調**（Modulation），変調されたキャリアからベースバンド信号を取り出すことを**復調**（Demodulation）という．なお，変調と復調の両方の処理を合わせて実現する機器を**モデム**（Modem）と呼んでいる．

　電波を用いて情報を送受信するための基本構成を**図3.1**に示す．キャリアとなる電波の周波数は，水晶などの高周波発振器の発振周期によって決定される．キャリアは変調器によって変調され，そして伝送のための電力増幅の後，アンテナを介して空間に放出される．一方，受信側はアンテナを介して空間からキャリア周波数の変調波を受信し，電力増幅，局部発振器を用いて受信周波数をより低い周波数に変換し，復調器によってベースバンド信号を取り出す．ここで，送信側の増幅器は遠方への信号伝送の観点から出力が重視されるので，一般に高出力増幅器と呼ばれる．受信側の増幅器は，受信した微弱な電波からノイズの発生を

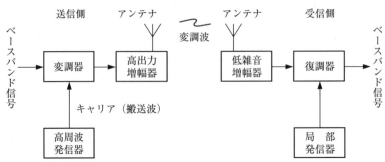

図3.1 電波を用いた情報伝送の基本構成

抑制した増幅が重要となるので，低雑音増幅器と呼ばれる．

　基本的に変調とは，ベースバンド信号に応じてキャリアの振幅，周波数，位相の3つのパラメータのいずれかを変化させることである．変化させるパラメータに応じて，それぞれ振幅変調，周波数変調，位相変調と呼ぶ．また，送信する元のベースバンド信号がアナログの場合はアナログ変調，ディジタルの場合はディジタル変調という．

　アナログ変調は，アナログ信号の波形をそのまま連続的な信号として変調する方式である．一方，ディジタル変調は，ディジタル信号（0，1の符号系列[1]）の状態に応じてパラメータを変化させるものである．

　キャリアと変調のための可変パラメータを**図3.2**に示す．図では正弦波（sin 波）で表しているが，余弦波（cos 波）を用いても同じである．主な変調方式を**表3.1**にまとめる．なお，表に示した以外にも，ベースバンド信号に応じてパルスの幅やパルスの周波数を変化させるパルス変調方式があるが，本方式はワ

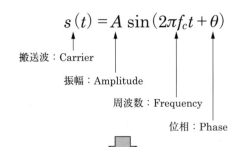

図3.2 キャリアと変調のための可変パラメータ

1　0，1以外の多値の符号系列もある．

表3.1 主な変調方式

アナログ変調	振幅変調（Amplitude Modulation : AM）
	周波数変調（Frequency Modulation : FM）
	位相変調（Phase Modulation : PM）
ディジタル変調	振幅変調（Amplitude Shift Keying : ASK）
	周波数変調（Frequency Shift Keying : FSK）
	位相変調（Phase Shift Keying : PSK）

イヤレス通信よりも，光通信やモータ制御などに広く適用されている．

また，日本語表記では，アナログ方式，ディジタル方式の場合で区別なく「変調」という用語が使われているが，英語表記では，アナログの場合は Modulation，ディジタルの場合は Shift Keying と明確に使い分けられている．

3.2 アナログ変調

(1) 振幅変調（AM）

振幅変調はラジオ放送などでも用いられており，最も構成が簡単で歴史も古い方式である．ベースバンド信号に応じてキャリアの振幅を変化させることによって情報を伝送する方法である．

キャリアを $c(t) = A\cos(\omega_c t)$ で表し，アナログ信号であるベースバンド信号を $g(t)$ とすると，AM 変調の波形 $s(t)$ は以下で表される．

$$s(t) = [1+mg(t)]c(t)$$
$$= A[1+mg(t)]\cos(\omega_c t) \tag{3.1}$$

ここで，ω_c は角周波数で，$2\pi f_c$ で定義される．m は変調度（変調指数）と呼ばれるもので，変調による振幅の変化の度合いを表す．AM 変調による各信号の波形を**図3.3**に示す．なお，変調波の図の破線は包絡線と呼ばれるが，この包絡線の形から変調前のベースバンド信号を得ることができる．このことを包絡線復調あるいは包絡線検波という．

ベースバンド信号を $g(t) = \cos(\omega_0 t)$ と仮定すると，変調波 $s(t)$，すなわち

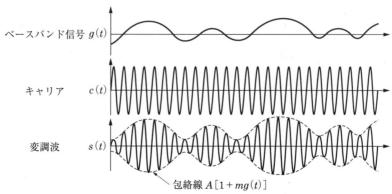

ベースバンド信号 $g(t)$

キャリア　$c(t)$

変調波　$s(t)$

包絡線 $A[1+mg(t)]$

図3.3　AM変調におけるキャリアと変調波の波形

式(3.1)は以下で表現される．なお，このときキャリアの周波数から，$\omega_c \gg \omega_0$である．

$$s(t) = A\cos(\omega_c t) + Am\cos(\omega_0 t)\cos(\omega_c t)$$

$$= A\cos(\omega_c t) + \frac{Am}{2}\cos(\omega_c+\omega_0)t + \frac{Am}{2}\cos(\omega_c-\omega_0)t \quad (3.2)$$

　式(3.2)からも明らかなように，変調波は3つの成分から構成される．1つはキャリアと同じ周波数であり，ほかはそれに対して上側と下側の周波数領域に信号を有する．これを側波帯という．

　音声信号を例にとったときの周波数スペクトルを**図3.4**に示す．音声信号には，数十 Hz から数 kHz までの周波数成分が含まれている（同図 (a)）．これをAM変調すると，同図 (b) のようなスペクトル分布となる．キャリアが単一周波数（線スペクトル）であるのに対して，変調波は，周波数の幅（帯域）をもった信号となっていることが確認できる．これは，ベースバンド信号である音声信号がさまざまな周波数成分をもった信号から構成されていることが理由である．この図からも明らかなように，変調波のスペクトルはキャリアを中心として対称の形をなす．片側の側波帯のみを用いることでベースバンド信号を送ることも可能であり，この方式は SSB（Single Side Band）と呼ばれる．SSB を用いることによって送受信機の構成は複雑になるものの，使用周波数帯域幅は半分となるため，周波数の有効利用が実現できる．

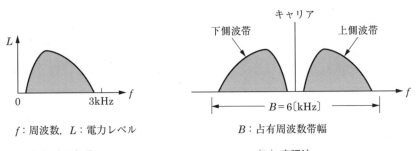

f：周波数，L：電力レベル

B：占有周波数帯幅

（a）音声信号　　　　　　　　　（b）変調波

図3.4 音声信号のAM変調波の周波数スペクトル

(2) 周波数変調（FM）

　周波数変調は，ベースバンド信号に応じてキャリアの周波数を変化させる方式である．FMラジオ放送などに用いられている．FM変調における各信号の波形を図3.5に示す．周波数が高くなるということは，一定時間内に存在する波の数が増えることであり，低くなるということはその逆である．したがって，ベースバンド信号に応じてキャリアの周波数を変化させることは，結果としてFM信号の波数の疎密の変化となる．

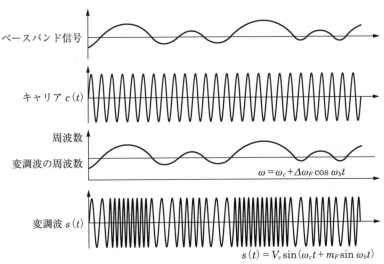

ベースバンド信号

キャリア $c(t)$

周波数

変調波の周波数

$$\omega = \omega_c + \Delta\omega_F \cos\omega_b t$$

変調波 $s(t)$

$$s(t) = V_c \sin(\omega_c t + m_F \sin\omega_b t)$$

図3.5 FM変調におけるキャリアと変調波の波形

いま，キャリア v_c，ベースバンド信号 v_b の波形を以下のように表す．ここでは説明の簡単化のために，ベースバンド信号を単一の周波数としている．

$$v_c = V_c \sin \omega_c t \tag{3.3}$$

$$v_b = V_b \sin \omega_b t \tag{3.4}$$

キャリアの周波数をベースバンド信号に対応して変化させるのが周波数変調であるので，この周波数を f とすれば，以下のように表される．

$$f = f_c + kV_b \cos \omega_b t = f_c + \Delta F \cos \omega_b t \tag{3.5}$$

ただし，f_c はキャリア周波数，k は比例係数である．ここで，ΔF は最大周波数遷移と呼ばれるものであり，ベースバンド信号の振幅が最大のとき，周波数の変化も最大となる．

式(3.5)から，FM 変調波の角周波数 ω は，

$$\begin{aligned}
\omega &= 2\pi f = 2\pi f_c + 2\pi \Delta F \cos \omega_b t \\
&= \omega_c + \Delta \omega_F \cos \omega_b t
\end{aligned} \tag{3.6}$$

となる．ただし，$\Delta \omega_F = 2\pi \Delta F$ である．式(3.6)から FM 変調波の位相角の偏移 θ を求めるため，式(3.6)を時間積分すると，以下の式が得られる．

$$\begin{aligned}
\theta &= \int_0^t \omega dt = \int_0^t (\omega_c + \Delta \omega_F \cos \omega_b t)\, dt \\
&= \omega_c t + \frac{\Delta \omega_F}{\omega_b} \sin \omega_b t \\
&= \omega_c t + m_F \sin \omega_b t
\end{aligned} \tag{3.7}$$

ここで，m_F は式(3.8)で与えられるが，周波数変調指数と呼ばれるものであり，AM 変調における変調度 m に相当するものである．

$$m_F = \frac{\Delta \omega_F}{\omega_b} = \frac{\Delta F}{f_b} \tag{3.8}$$

式(3.7)から，FM 変調波 $s(t)$ は，最終的に式(3.9)で表すことができる．

$$s(t) = V_c \sin(\omega_c t + m_F \sin \omega_b t) \tag{3.9}$$

式(3.9)が示すように，FM 変調方式では AM 変調と異なり，信号の振幅には情報をもたないことから，ノイズによる振幅の変化の影響がなく，AM 方式に比べて高い伝送品質を確保できる．

これまでに見た AM 変調，FM 変調の仕組みによって，現在の AM・FM ラジオは放送されている．しかし，伝送の途中で雑音などの影響によって変調波の波形が崩れた場合は，もとの波形を復元することができない．したがってこれらの方式で高信頼，高品質な伝送を実現することには限界がある．以降では高信頼，高品質を実現するディジタル変調について説明するが，その前にディジタル化のメリットとその方法を述べる．

3.3　アナログ信号のディジタル化

(1) ディジタル化の意義

音声，映像，温度など身のまわりの伝送すべき情報は，基本的にすべて連続的なアナログ情報であるといえる．これを (0, 1) のディジタル情報に変換して伝送することには大きな意味がある．ディジタル化した情報で伝送を行うことは，アナログの情報の伝送に比べて以下のメリットがある．

① ノイズに強く，劣化した波形の再生が可能

アナログ値がノイズの影響を受け，その値が変化したとき，復元は不可能である（ノイズを受ける前の値を知らない限り）．これに対してディジタル化した情報の場合は，(0, 1) の 2 値しか取り扱えないのでノイズの影響を受けてもその反転の可能性は低いと考えられ，ノイズに強いといえる．また，同じ考え方で，(0, 1) から値のずれが多少生じても，もとが (0, 1) のいずれかであることは容易に判断される場合も多く，この場合は値を (0, 1) に設定し直すことによって，劣化した波形を復元できる．通常，(0, 1) と判断するために，ある範囲のマージンを設定している．

② 誤り検出・訂正が可能

③ 暗号化が可能

②，③の仕組みはそれぞれ第5章と第8章で述べる．

④ 回路の小型化，軽量化が可能

LSI技術とディジタル信号処理の大きな進歩により，複雑な機能を1つのチップ内に実装できるようになった．また，高性能が要求されるもの，そうでないものなどの要求条件に応じた最適なシステム設計が容易にできるという点も，生産性の向上や低コスト化という観点では意義が大きい．

⑤ データ圧縮が可能

データ圧縮技術は，ワイヤレス通信のように周波数資源の制約がある条件での伝送や通信品質確保のために高速な伝送が困難な場合に，特に有用な技術である．

(2) ディジタル化の方法

ディジタル化の処理は，**図3.6**に示す3つのステップ，すなわち標本化（サンプリング），量子化，符号化というステップから構成される．それぞれのステップを個別に**図3.7**に示す．

アナログ信号 → 標本化 → 量子化 → 符号化 → ディジタル信号

図3.6　ディジタル信号への変換

まず，アナログ信号であるベースバンド信号を一定の時間間隔でサンプリングする．ただし，**標本化（サンプリング）定理**を満足したサンプリングを行う必要がある．標本化定理とは，もとの信号に含まれる最高周波数の2倍以上の周波数の周期でサンプリングすることによってもとの信号の再現が可能となる，という定理である．式(3.10)で与えられる時間間隔 T 以下でサンプリングする必要があるが，T が大きいと標本化した結果から元のアナログ信号の再現が不可能となることは，直観的にも理解できるであろう[1]．

$$T = \frac{1}{2f} \tag{3.10}$$

ここで，T は標本化（サンプリング）周期〔s〕，f はベースバンド信号に含ま

1　フーリエ級数展開で高次の項をとるほど，もとの信号が正確に再現できることからも理解できる．

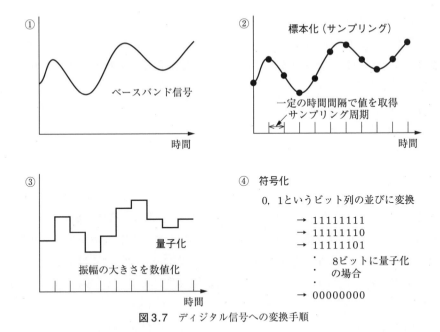

① ベースバンド信号

時間

② 標本化 (サンプリング)

一定の時間間隔で値を取得
サンプリング周期

時間

③ 量子化

振幅の大きさを数値化

時間

④ 符号化

0, 1というビット列の並びに変換

→ 11111111
→ 11111110
→ 11111101
    ・
    ・ 8ビットに量子化
    ・ の場合
→ 00000000

図3.7 ディジタル信号への変換手順

れる信号成分の最高周波数〔Hz〕である.

　サンプリングの例を**図3.7**の②に示す．サンプリングした値を次のサンプリングを行うときまで保持（ホールド）するのが基本的な手法である（これをサンプル＆ホールドという）.

　次に，サンプリングした値を数値化することを量子化という（**図3.7**③）. ここで，あるビット数で数値化するが，ビット数によって振幅値に対する誤差が生じる. これを**量子化雑音**（量子化誤差という場合もある）という. 量子化ビット数を n とすると，信号対量子化雑音の比（S(Signal)/N(Noise)比）は以下の式で表される.

$$S/N \fallingdotseq 6n + 1.8 〔dB〕 \tag{3.11}$$

　式(3.11)からも明らかなように，ビット数が多いほど量子化雑音の影響は小さくなり，もとの信号を精度よく再現できるが，伝送に必要となる回線速度は大きくなる. したがって，回線の能力や必要となる精度を考慮したビット数の決定が必要である. ちなみに，音楽用コンパクトディスク（CD）の場合は16ビットで

量子化されており，その信号と量子化雑音による S/N 比は約 98dB となる．

ディジタル値からもとのアナログ信号に復元するときの最大値と最小値の比を**ダイナミックレンジ**というが，これは上述の量子化ビット数 n で決定される．なお，ダイナミックレンジ D を (3.12) に示すようにデシベルで表示することも多い．したがって，量子化ビット数 n の 1 ビット増加に対して，ダイナミックレンジは 6dB 向上する．

$$D = 20 \log 2^n = 20n \log 2 \fallingdotseq 6n \tag{3.12}$$

ディジタル化における次のステップである符号化では，量子化された値に対して特定の符号を割り当てる．ディジタル通信では，2 進数の符号に変換する．

CD では，音楽信号の最高周波数 20kHz を考慮して 44kHz でサンプリングし，その値を 16 ビットで量子化している．同様に DVD オーディオでは 192kHz，24 ビットである．したがって，必要となる伝送速度はそれぞれ 704kbps，4.608 Mbps である．ちなみに，第 2 世代の携帯電話（9.6kbps）では，音声をより低速な伝送速度の条件下で伝送を可能にするための音声符号化技術が重要なテーマであった．

ディジタル化の意義とその手法を主にここまで述べてきたが，最も大きな意義はディジタル化によるマルチメディア化にある．それを**図 3.8** に示す．音声，画像などもともとの情報源が異なる信号をディジタルデータとして符号化することで，異なるメディアのデータを一元的に情報処理，伝送することができ，共通

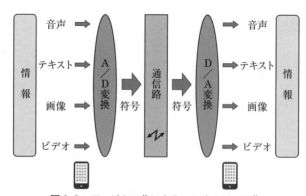

図3.8 ディジタル化によるマルチメディア化

の端末，伝送路で扱えることになる．

3.4　ディジタル変調

　前述のように，アナログ情報がディジタル化されると，どのような情報も 0 と
1 からなる 2 進数の符号列となる．この符号列をキャリアに載せて伝送するため
には，キャリアに (0, 1) に対応する状態変化を与えることでよい．これをディ
ジタル変調といい，アナログ変調と同じく，基本的に振幅，周波数，位相のいず
れかを変化させる 3 つの方式がある．アナログ変調と対比する形でディジタル変
調における各変調方式の変調波の波形を**図 3.9** に示す．(0, 1) のベースバンド
信号に対応して，それぞれ振幅，周波数，位相が変化（2 値）していることが確
認できる．本節では，モバイル通信システム，無線 LAN などで最も広く使われ
ている**位相変調**について述べる．

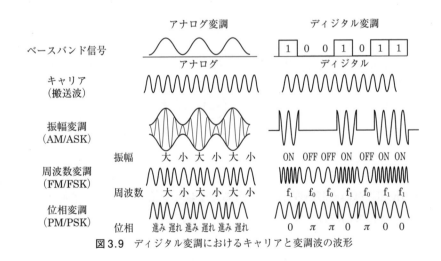

図 3.9 ディジタル変調におけるキャリアと変調波の波形

(1) BPSK

　位相変調方式には，2 相位相変調（BPSK：Binary Phase Shift Keying），4 相
位相変調（Q (Quadrature) PSK）などがあるが，BPSK が基本となっている．
　ここで，「Binary」とは「2 値」という意味である．基本的な方法は，伝送す

べきベースバンド信号 $b_i(t)$（0，1の符号列）に対応するように，キャリアの位相を $(0, \pi)$ に変化させて情報を伝送する.

BPSK 変調器の基本構成を**図 3.10** に示す. 入力されたベースバンド信号 $b_i(t)$ は，レベル変換器によって，

$$B_i(t) = 2b_i(t) - 1 \tag{3.13}$$

として，+1 および −1 の値をとる信号 $B_i(t)$ に変換される. そして，$B_i(t)$ とキャリア $c(t)$ の積をとると，変調波 $s(t)$ は以下の式で表される. ここで，$c(t) = A \sin \omega_c t$ とする.

$$
\begin{aligned}
s(t) &= AB_i(t)\sin \omega_c t \\
&= \pm A \sin \omega_c t \quad \begin{cases} + : b_i(t) = 1 \text{ のとき} \\ - : b_i(t) = 0 \text{ のとき} \end{cases} \\
&= -A \sin \{\omega_c t + \pi \cdot b_i(t)\}
\end{aligned} \tag{3.14}
$$

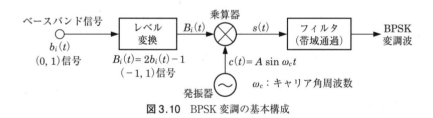

図 3.10　BPSK 変調の基本構成

式(3.14)はベースバンド信号 $b_i(t)$ の値に応じて位相が反転する. これは，**図 3.8** の位相変調の波形からも確認できる. なお，**図 3.10** の中のフィルタは，ノイズなど不要な周波数成分を除去するためのものである.

(2) QPSK

BPSK の方式を拡張し，BPSK よりも伝送速度を向上させる位相変調方式として，4つの位相状態を利用する QPSK がある. QPSK 変調器の基本構成を**図 3.11** に示す. この構成のポイントは，2つの BPSK 変調器を用いることである. つまり，$(0, \pi)$ の BPSK 変調器と，それに対して $\pi/2$ だけ位相をずらした $(\pi/2, 3\pi/2)$ の BPSK 変調器を用いるという考え方であり，ベースバンド信号

を直並列変換，すなわち1つの直列の信号を2つの直列の信号に分割し，I チャネル（In-phase（同相成分））と Q チャネル（Quadrature（直交成分））の2つに分ける．そして，それぞれに対して π/2 だけ位相が異なるキャリア（sin 波と cos 波であり，この2つの波は直交[1]）を変調して合成するという構成である．したがって，BPSK が0か1という1ビットの伝送であるのに対して，QPSK の場合は 01，11，10，00 の2ビット伝送が可能となり，高速な伝送が実現できる．

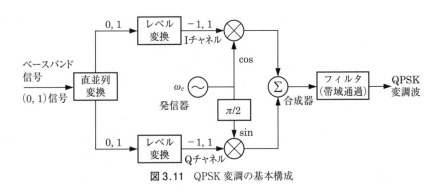

図 3.11 QPSK 変調の基本構成

QPSK 変調の変調波形の一例を**図 3.12** に示す．I チャネルおよび Q チャネルのベースバンド信号と，それに対応する BPSK 変調波にそれらを合成した QPSK 変調波を示している．

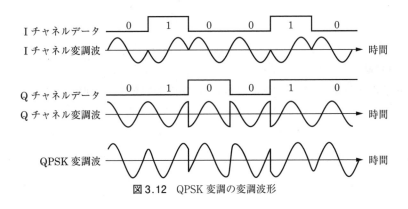

図 3.12 QPSK 変調の変調波形

1　ここで直交という意味は，互いに干渉しない，独立という意味である．

　ASK と PSK において信号成分の振幅，位相を複素平面上に表したものを変調信号空間（信号空間ダイアグラム[1]）と呼ぶ．この空間で横軸を I チャネル，縦軸を Q チャネルとし，ディジタル情報の 0，1 に対応する信号をシンボルとして表す．図 3.13 における○がシンボルである．そのシンボルを増やすことで，高速伝送が可能になる．図 3.13 中における BPSK の場合は $(0, \pi)$ の位相状態が存在するのに対して，QPSK の場合は $(0, \pi/2, \pi, 3\pi/2)$ の位相状態が存在する．この図から，QPSK は BPSK よりも高速伝送が可能になるものの，キャリアの位相変化に対してノイズなどによる伝送誤りが発生しやすくなることも理解できる．なお，ASK の場合には位相ではなく振幅が変化するので，シンボルは円周上ではなく，振幅の大きさに応じて円周の内外に配置されることになる．

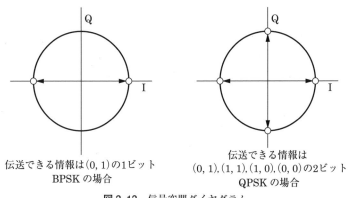

伝送できる情報は $(0, 1)$ の1ビット
BPSK の場合

伝送できる情報は
$(0, 1), (1, 1), (1, 0), (0, 0)$ の2ビット
QPSK の場合

図 3.13　信号空間ダイヤグラム

(3) QAM

　前述のとおり，QPSK は cos 波と sin 波が直交することを利用して，I チャネル，Q チャネルの2つの系統で情報を載せて伝送する方式である．この両チャネルの振幅を変化させる方法が **QAM**（Quadrature Amplitude Modulation）である．振幅と位相の両方を変化させることで，振幅のみ，位相のみに比べて多くの情報を伝送できる．

　1　配置が星座に似ていることから，コンステレーションとも呼ばれる．

　その基本構成を図3.14に示す．マッピング回路によって，ベースバンド信号を信号空間ダイヤグラム上に配置させるために分割する．レベル変換では，例えば16QAMの場合は，(−3，−1，1，3)に変換する．そのときのダイヤグラムを図3.15に示す．この構成で1変調周期で4ビットの送信が可能である．

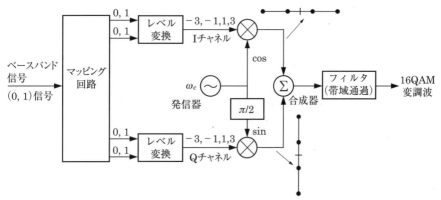

図3.14　16QAM変調の基本構成

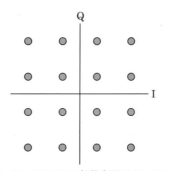

図3.15　16QAMの信号空間ダイヤグラム

3.5　位相変調波の復調

　受信した変調波からもとのベースバンド信号を再生することを**復調**という．受信する変調波は，フェージングによって電力の減衰や波形のゆがみが発生しており，送信された変調波の波形とは異なっている．また，ほかのシステムからの干

渉，受信機内部の増幅器のノイズなどの影響も伝送品質劣化要因となる．それら
の条件のもとで通信品質を確保することが要求される．

　ディジタル変調波の復調方法には，基本的に２つの手法がある．１つは**同期検波**といわれるもので，キャリアと周波数および位相が完全に一致した信号を再生して（キャリア再生），これを用いて送信側からのベースバンド信号を再現するものである．もう１つは**遅延検波**（非同期検波）といわれるもので，キャリア再生を行わない方式である．回路構成は同期検波に比べて簡単になる．なお，電波を用いた変調波の復調は検波と呼ばれることが多いので，本節では検波という用語を使用する．

　同期検波による復調器の構成を**図 3.16** に示す．端的には，キャリアの基準位相と受信信号を比較してデータを取り出す方式といえる．受信した変調波から不要な周波数帯の信号を除くために帯域通過フィルタを通し，再生したキャリアとの乗算を行う．そこから高周波ノイズを含めた不要な周波数成分を取り除く（低域通過）ことによってベースバンド信号を復元する構成である．

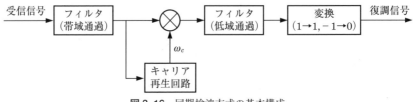

図 3.16　同期検波方式の基本構成

　BPSK 変調波の場合は，受信信号 $s(t)$ は以下の式で表される．ここで，$n(t)$はノイズである．

$$s(t) = A \sin \{\omega_c t + \pi \cdot b_i(t)\} + n(t) \tag{3.15}$$

　再生したキャリア信号は，$s_l(t) = \sin(\omega_c t)$ で表される．キャリア再生の方法は各種提案されているが，ここでは割愛する．受信信号とキャリア再生信号を乗算すると，出力 $s_d(t)$ は式(3.16)のようになる．

$$s_d(t) = s(t) \cdot s_l(t)$$

$$= [A \sin\{\omega_c t + \pi \cdot b_i(t)\} + n(t)] \cdot \sin(\omega_c t)$$

$$= \frac{A}{2}[-\cos\{2\omega_c t + \pi \cdot b_i(t)\} + \cos\{\pi \cdot b_i(t)\}] + n(t)\sin(\omega_c t) \quad (3.16)$$

ここで，$2\omega_c$ はキャリアの2倍の高周波成分であり，$n(t)$ も雑音であり高周波である．これらの高周波成分および雑音は，**図3.16** 内の低域通過フィルタで取り除くことができる．$\cos\{\pi b_i(t)\}$ の成分だけを取り出すことによって，ベースバンド信号を再現できる．なお，式(3.16)の導出では，以下の三角関数の公式を用いている．

$$\sin\alpha\sin\beta = \frac{1}{2}\cos(\alpha-\beta) - \frac{1}{2}\cos(\alpha+\beta) \quad (3.17)$$

遅延検波の基本的な仕組みは，前の信号の位相を基準として，前の信号との位相差からデータを取り出す方式であり，現在の受信信号と1シンボル前（1シンボル遅延）の信号を掛け合わせ，高周波成分を取り除くことによって送信側からのデータを推定するものである．この基本構成を**図3.17** に示す．回路構成は同期検波に比べて簡単になるが，雑音を含んでいる受信信号を用いた復調であるため，同一の雑音条件下では同期検波よりも復調時の誤り率は高くなる．

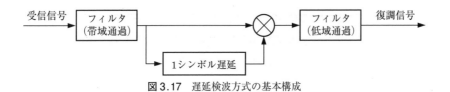

図3.17 遅延検波方式の基本構成

なお，1シンボル遅延とは，1つ前の変調のタイミングとの時間差のことである．また，**シンボルレート**とは変調速度ともいわれるもので，変調時の位相（振幅，周波数）の1秒あたりの変化速度であり，シンボル周期の逆数である．BPSK における1シンボルあたりの送信ビット数は1ビット，QPSK は2ビットであり，伝送速度は1シンボルあたりの送信ビット数× シンボルレートで与えられる．

現在の受信位相を ϕ_n，1シンボル前の受信位相を ϕ_{n-1} とする．遅延検波による出力 $s_d(t)$ は，次のように表される．

$$s_d(t) = A \sin(\omega_c t + \phi_n) \cdot A \sin\{\omega_c(t - T) + \phi_{n-1}\}$$

$$= \frac{A^2}{2}\{\cos(\omega_c T + \phi_n - \phi_{n-1}) - \cos(2\omega_c t - \omega_c T + \phi_n + \phi_{n-1})\} \quad (3.18)$$

この信号を低域通過フィルタを通すことによって，高周波成分を除去し，

$$s_d(t) = \frac{A^2}{2}\cos(\omega_c T + \phi_n - \phi_{n-1}) \quad (3.19)$$

が得られる.

　ここで，T は1シンボル周期（長）である. $\omega_c T = 2\pi f_c T$ であり，$f_c T$ が整数となるように f_c と T を決めると，

$$s_d(t) = \frac{A^2}{2}\cos(\phi_n - \phi_{n-1}) \quad (3.20)$$

が得られる. この式から明らかなように，遅延検波によって得られる信号は，現在の信号と1シンボル前の信号の位相差であり，現在，送信されている位相 ϕ_n そのものではない. そこで送信側では，以下の変換を行った位相を送信するようにする（差動符号化）.

$$\phi_n' = \phi_{n-1}' + \phi_n \quad (3.21)$$

　ここで，ϕ_n' は送信する位相，ϕ_{n-1}' は1シンボル前に送信した位相，ϕ_n は送信したいデータに対応した位相であり，BPSK の場合は 0 もしくは π である.

　さらに，$n = 0$ のときの送信位相（最初の送信位相）を 0 と決めておくと，式 (3.20) は，

$$s_d(t) = \frac{A^2}{2}\cos(\phi_n' - \phi_{n-1}')$$

$$= \frac{A^2}{2}\cos(\phi_{n-1}' + \phi_n - \phi_{n-1}')$$

$$= \frac{A^2}{2}\cos(\phi_n) \quad (3.22)$$

と導かれる. ϕ_n として，送信側のデータ (0, 1) に対応して (0, π) をとることにより，受信側で正しい送信データを再現できるようになる.

　これを図で説明したものが図3.18である. 送信対象である原データを差動符

図 3.18 遅延検波での送受信の原理

号化して，それを送信データとする．受信側ではその受信データと 1 ビット遅延させたデータ系列との排他的論理和 $\oplus$[1] をとって復調データとする．復調データの系列が原データと一致していることが確認できる．ただし，受信した信号をそのまま用いて復調を行うことから同期検波に比べて品質は劣化する（同じ品質を確保するためには，より高い C/N 比（第 5 章参照）が必要となる）．

章末問題

1. 電波で情報を送るために，情報に応じて電波の何を変化させるのか述べよ．
2. 情報をディジタル化することのメリットを述べよ．
3. アナログの AM 変調，FM 変調を雑音に対する耐性，伝送周波数帯域幅に関して相違点を述べよ．
4. 音声の最高周波数成分を 4kHz としたとき，必要なサンプリング周波数とサンプリング周期を示せ．また，この信号を 8 ビットで量子化して伝送するときに必要となる伝送速度〔bps〕を求めよ．さらにこの信号のダイナミックレンジを求めよ．
5. 同じ変調周期の場合，QPSK は BPSK の何倍の伝送速度を実現できるか，理由とともに述べよ．

---

1 $\oplus$ は排他的論理和，すなわち，$1\oplus1=0$, $1\oplus0=1$, $0\oplus1=1$, $0\oplus0=0$ を表わす．

第4章
多元接続方式

4.1 双方向通信の仕組み

ワイヤレス通信システムでは，基地局（モバイル通信）やアクセスポイント（無線 LAN），衛星局（衛星通信）と各ユーザ端末との間で，電波という資源を共有して情報を通信することになる．このための技術が多重化（マルチプレキシング）と多元接続（マルチプルアクセス）である．

基地局などから各ユーザ端末に向けた信号を複数の回線（チャネル）として束ねる形で送信することを**多重化**という．一方，各ユーザ端末が基地局などに接続することが**多元接続**である．基地局側から見た技術，ユーザ端末側から見た技術という相違があるが，ともにワイヤレス通信によって相手側と接続，すなわちアクセスするための技術である．また，双方向通信（ここでは基地局－ユーザ端末間）における上りチャネル（ユーザ端末→基地局），下りチャネル（基地局→ユーザ端末）の関係を**複信**（デュープレックス）という．

これらの関係を**図 4.1** に示す．基地局から各ユーザ端末を見た場合，1つの局が複数の回線を束ねて送信している（多重化）．一方，各ユーザ端末から基地局を見た場合，各ユーザ端末が電波という共通の資源をシェアして1つの基地局に送信している（多元接続）．

多重化の仕組みを**図 4.2** に示す．電波という資源を共有するために，周波数帯域，時間，符合（コード）を各ユーザ端末に個別に割り当てることにより各チャネル間の独立性を確保し，1つの基地局と複数の端末間との同時通信を実現している．なお，使用する全体の周波数帯域を複数の周波数帯域で分割，使用する時間で分割することをそれぞれ**周波数分割多重**，**時分割多重**，互いに独立な符

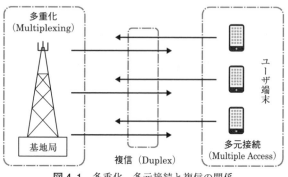

図 4.1　多重化，多元接続と複信の関係

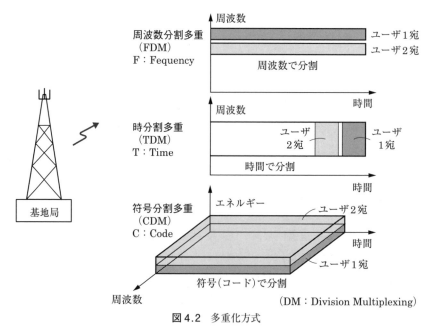

図 4.2　多重化方式

号で分割することを**符号分割多重**と呼ぶ.

　複信方式には，**時分割複信**（Time Division Duplex：TDD）と**周波数分割複信**（Frequency Division Duplex：FDD）の2方式がある. 双方向通信において上り回線・下り回線で同一周波数を使用する場合は，ある時間間隔で送信と受信を変

更するTDD方式が適用される．つまりごく短い時間スケールでみると，送信と
受信をある時間間隔で切り分けていることになる．これは，上下回線で同一周波
数を使用すると，干渉により通信が困難となるためである（後述するCDMAの
ように独立な符号で信号を拡散する場合は，同一周波数であってもこの限りでは
ない）．

　一方，FDD方式はユーザ端末側と基地局側で異なる送信周波数を利用するこ
とによって，双方向通信を実現している．この方式では，受信した周波数に対し
て周波数変換を行って送信周波数としている．複信方式の基本的方法を図4.3
に示す．

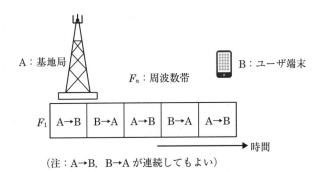

(注：A→B，B→Aが連続してもよい)

(a) TDD（Time Division Duplex ：時分割複信）方式

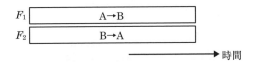

(b) FDD（Frequency Division Duplex ：周波数分割複信）方式

図4.3 複信方式（上りチャネルと下りチャネルの関係）

　TDD方式は同一周波数帯で上り下りが交互に通信を行い，上下同時に通信が
できない．これを**半二重通信**と呼ぶ．一方，FDD方式は上下同時に通信ができ，
これを**全二重通信**と呼ぶ．なお，この呼び方は有線通信でも同様である．

　多元接続方式には，異なる周波数帯をユーザ端末ごとに振り分ける周波数分割
多元接続方式（**FDMA**（Frequency Division Multiple Access）方式），各ユーザ

端末に特定の時間間隔で同一の周波数帯を割り当てる時分割多元接続方式（**TDMA**（Time Division Multiple Access）方式），各ユーザ端末に独立した符号列を割り当てる符号分割多元接続方式（**CDMA**（Code Division Multiple Access）方式）がある．以降にこれらの説明を加える．

4.2 FDMA 方式

FDMA 方式は，ある周波数帯域をユーザ端末ごとに個別の周波数帯域（周波数スロット）に分割して割り当てる方式である．各ユーザ端末には，送信周波数と受信周波数が対で割り当てられる．FDMA 方式における周波数割当ての一例として，そのチャネル配置，各ユーザ端末の通信状況とそれに対応するチャネルの使用状況を**図 4.4** に示す．FDMA 方式ではチャネルとキャリアが1対1で対応し，1つのチャネルを1ユーザが占有する．図では，5つのユーザ端末が3つの周波数チャネルを共有している場合を示している．

FDMA 方式は，アナログ変調にも適用できる方式であり，また後述する

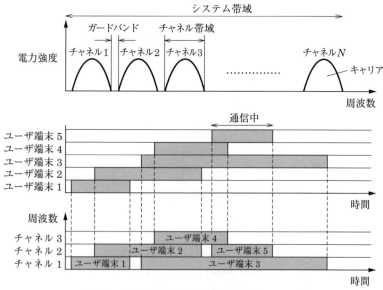

図 4.4 FDMA 方式における周波数割当ての一例

TDMA, CDMA方式に比べて最も単純な方式であることから, 自動車電話や第
1世代の携帯電話システムで採用されたものである. 低速通信が許容される場合
はチャネルの帯域幅を小さくでき, 装置の小型化や低消費電力の観点からは有利
な方式である. 現在でも衛星通信システムや小型化を重視したシステムなどで用
いられている. **図4.4**からも明らかなように, 各チャネルの間隔を狭くするこ
とが周波数の利用効率を高めることになるが, 発振周波数のもととなる水晶発振
器の周波数変動や**ドップラー効果**による周波数変化 (モバイル通信の場合) など
のために, **ガードバンド** (隣接周波数帯との間隙となる周波数帯) を確保し, 隣
接チャネルとの干渉を回避することは必須である.

　周波数利用効率の向上という観点で考えると, **図4.4**におけるアミかけ部分
の占める割合が多いほど効率が高いといえる. したがって, 通信のスケジューリ
ング調整が可能なものについては, 通信する時刻と周波数帯を電波の使用効率が
最適になるように事前に割り当てる (**プリアサイン**) ことにより, 通信システム
としての電波の使用効率を高めることができる.

4.3　TDMA方式

　TDMA方式における時間割当ての一例として, 信号帯域, 各ユーザ端末の通
信状況とそれに対応する周波数の使用状況 (各ユーザ端末への割当て) を**図4.5**
に示す. この方式では, 図に示したように1つの広い周波数帯域で高速な伝送速
度を実現し, それらをある時間間隔 (タイムスロット) ごとに分割して各ユーザ
端末に割り当てる. この図は, 5つのユーザ端末が1つの周波数帯域を時間分割
して使用している例であり, 1つのタイムスロットは3つのフレームから構成さ
れ, 各フレームがそれぞれユーザ端末に割り当てられている.

　TDMA方式では, 各ユーザ端末が短時間のタイムスロットの中で高速な信号
を送受信する必要があり, FDMA方式に比べて高出力増幅器や高いアンテナ利
得が要求される. 結果として, 装置が大きくなるという欠点がある. また, タイ
ムスロット間に**ガードタイム**を確保するとともに (**図4.5**の最下段の図におけ
るタイムスロット間の隙間. FDMA方式におけるガードバンドに対応), フレー
ムの衝突を回避するために各ユーザ端末間の時刻同期が必要となる.

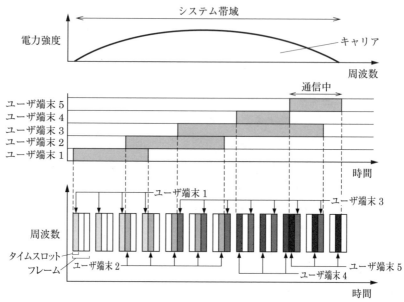

図4.5　TDMA方式における時間割当ての一例

　しかしFDMA方式とは異なり，複数のキャリアを用いずに1つのキャリアで通信を行うことから，FDMA方式で問題となる各キャリア間の相互変調（複数のキャリアが同時に増幅器に入力されたときに生じるキャリア間の干渉）の問題はなく，送信機を構成する増幅器の線形性を確保する必要がなくなる．このため，増幅器を最大出力のレベルで動作させることが可能となり，電力効率のよいシステムを構築できる．これは，特に電力制約の大きな衛星通信システムにとっては大きなメリットである．

　さらに，精度の高い時刻同期を実現することによってガードタイムを小さくすることが可能となり，高い周波数利用効率が得られるというメリットがある．TDMA方式は，第2世代のモバイル通信システムやPHS（Personal Handy-phone System）で採用されたアクセス方式である．各ユーザ端末からのTDMA信号を基地局で時分割多重化（TDM：Time Division Multiplexing）し，あて先のユーザに送信する概念図を**図4.6**に示す．

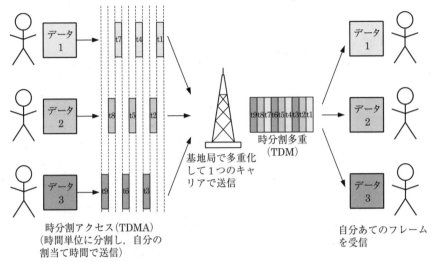

図 4.6　TDMA と TDM による通信の例

4.4　CDMA 方式

　CDMA 方式における周波数利用の一例として，各ユーザ端末の通信中における使用周波数の状態を**図 4.7** に示す．この方式は，後述の**図 4.9** に示す直交した拡散符号を用いたスペクトル拡散（Spectrum Spread）技術によって，各ユーザ端末からの信号を直交（独立）化するものである．図に示したように，各ユーザ端末からの信号を伝送するための電波の周波数と電波の使用時間が重なることになるが，拡散符号を用いた直交化によって信号間の干渉は発生しない．

　基本原理は，一次変調されたベースバンド信号に，同じく（-1, 1）からなる拡散符号を乗じて伝送する．この符号は，**疑似雑音**（Pseudo Noise：PN）符号とも呼ばれるランダム信号であり，これを用いて一次変調信号に重畳させることによって，各ユーザ端末からの信号の独立性を確保する仕組みが CDMA 方式のポイントである．この拡散符号の単位時間あたりの変化率をチップレートといい，〔chip/s〕で表される．ここで，ベースバンド信号とチップレートの変化率の比を**拡散率**といい，拡散率が大きいほどスペクトルの広がりも大きくなる．一次変調信号よりも変化率が大きい拡散符号で変調することによって，変調波のスペ

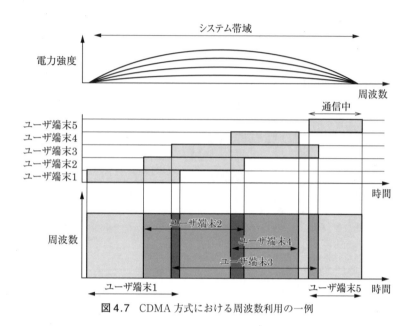

図 4.7　CDMA 方式における周波数利用の一例

クトルはさらに広がることになる.

　スペクトル拡散 (**直接拡散**：Direct Sequence) 方式の基本構成を**図 4.8** に示す. まず, 第 2 章で述べた変調方式によってベースバンド信号を変調する (一次変調). さらに, その信号を拡散符号によって乗算する (二次変調) ことによって, 帯域の広い信号として伝送する. 受信側では, 送信側で用いたものと同じ拡散符号を用いて再度乗算することによって (逆拡散), 送信側の一次変調と同じ波形を得ることができ, それを復調することによってベースバンド信号を得る.

　この図に示すように, ある帯域をもった一次変調された信号は, 拡散されることにより広帯域の信号となる. いま, この広帯域信号が伝搬路におけるほかのシステムからの干渉波の信号とともに受信機で受信されるとする. 広帯域信号は受信側での逆拡散によってもとの帯域幅の信号に復元されるが, 干渉波の信号は逆に拡散されることになる. したがって, 干渉波は広い帯域での低い電力レベルの雑音となり, その影響は弱められることになる. このことが, CDMA 方式は雑音や干渉に対して強いといわれる理由である.

　また, 拡散符号を知らなければベースバンド信号を再生することはできないこ

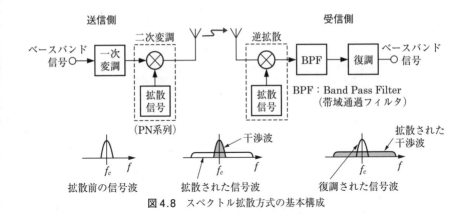

図 4.8 スペクトル拡散方式の基本構成

とから，秘匿性の強い方式であるともいえる．さらに，マルチパスによる遅延波に対しても逆拡散を行うことによって復調が可能（遅延波に対しても同じ拡散符号を適用）であり，これらの復調信号を合成する[1]ことによって，より安定した品質を確保できる．

　ベースバンド信号の拡散と逆拡散の単純な例を**図 4.9**に示す．ここでは説明を簡単にするために，一次変調後の信号を $[1, -1]$ として，これを $[1, -1, 1, -1, 1, -1, 1, -1]$ の拡散符号を用いて拡散および逆拡散する例を示している．この図から，一次変調後の信号（図では $[1, -1]$ を拡散符号のチップレートに合わせて $[1, 1, 1, 1, -1, -1, -1, -1]$ と記述する）に拡散符号を乗じて得られる拡散後の信号に対して，拡散時と同一の符号を用いて乗算するともとのベースバンド信号が復元されること，拡散時と異なる符号列を用いた場合はもとの信号が再現できないことが確認できる．

　CDMA 方式は，2000 年初頭に普及した第 3 世代の携帯電話システムで採用された方式である．この方式の一番の利点は，符号によって各キャリア間の独立性を確保することが可能なため，基本的に干渉を回避するための最適な周波数の繰り返し利用の検討が不要であり，基地局の置局設計（設置場所や使用周波数帯の決定など）が容易であるという点である．これは，サービス提供事業者の負荷を大きく軽減する．

1　レイク受信という．レイク（Rake）とは熊手でかき集める，という意味である．

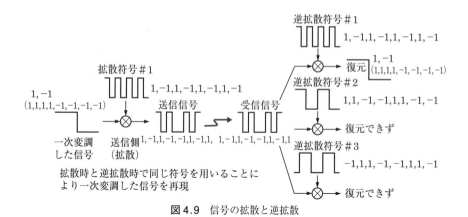

図4.9 信号の拡散と逆拡散

　周波数帯の繰り返し利用の一例を**図 4.10** に示す．第1世代のモバイル通信における FDMA 方式，第2世代の TDMA 方式（正確には複数の周波数帯を用いた TDMA 方式なので**マルチキャリア TDMA** 方式と呼ぶこともある）は，ともに隣接基地局で異なる周波数を用いて互いの局からの干渉を回避している．基本的に同一周波数を用いる局は，十分な距離を確保して干渉を回避している．しかし，地形や建造物などの影響もあり，必ずしも距離の条件のみで干渉の影響が決まるものではないので，細かな干渉測定が必要となる．また，加入者数の増加にともなって，新たな基地局を設置する場合は，周波数の配置について再度検討する必要がある．一方，CDMA 方式については，拡散符号を割り当てるだけで原理的にはすべての基地局が同じ周波数を用いて通信を行うことが可能であるため，これらの問題を回避できる．

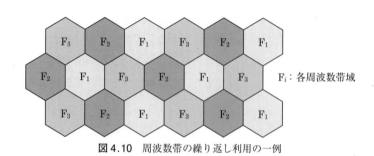

図4.10 周波数帯の繰り返し利用の一例

　デメリットとしては，基地局からの距離に大きな差がある2つのユーザ端末がそれぞれ同一の電力で送信した場合，基地局で受信する両ユーザ端末からの信号の受信電力の強度が大きく異なるという問題がある（**遠近問題**）．場合によっては，遠方のユーザ端末からの信号電力が小さく，基地局近傍のユーザ端末の電力に埋もれるという状態が生じうる．この問題については，ユーザ端末が基地局からの電波を常に参照して**送信電力制御**を行うことにより，基地局が受信するユーザ端末の電力強度を均一化して回避している．以上に述べた多元接続方式について，**図4.11**に整理する[1].

	周波数分割多元接続 FDMA	時分割多元接続 TDMA	符号分割多元接続 CDMA
チャネル*構成	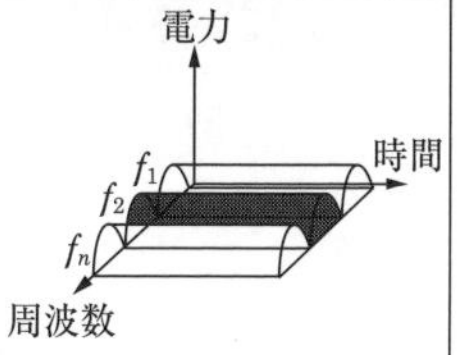	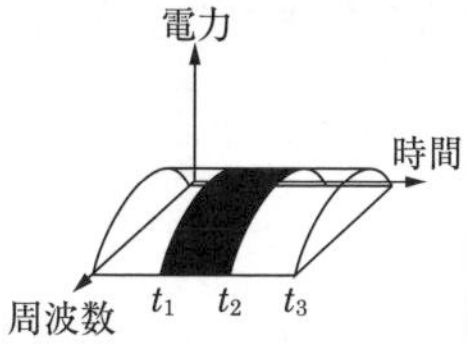	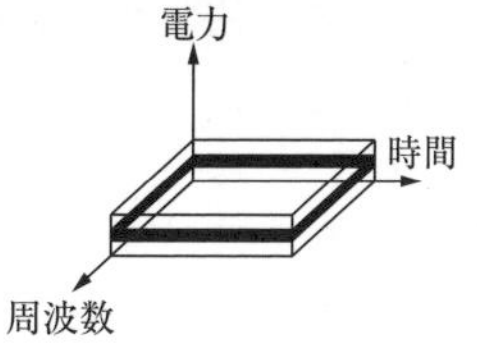
原理・特徴	各ユーザ端末に異なる周波数帯域を割り当てる（各ユーザ端末が1つの周波数キャリアを占有して使用） ⇒・構成が簡単 　・キャリア間隔の確保が必要	1つの周波数帯域を短い時間スロットに分割して複数の異なるユーザ端末に割り当てる ⇒・高い伝送効率 　・ユーザ端末間で同期（タイミング確保）が必要	同一周波数帯域をユーザ端末ごとに異なる符号（コード）で割り当てる ⇒・干渉や妨害に強い 　・送信電力制御が必要

*：各ユーザ端末が通信するための伝送路

図4.11　多元接続方式のまとめ

4.5　OFDMA 方式

　第4世代，第5世代のモバイル通信システムのアクセス方式はOFDMベースのワイヤレスアクセスの方法である（6.2節参照）．このOFDMとは

1　大雑把な言い方をすれば，電波の使用帯域幅を河川と考える．各ユーザが細い水路に区切って使用するのがFDMA，時間で区切って使用するのがTDMA，別々の色の液体を流して受け手がフィルタで所定の色の液体を取り出すのがCDMAと例えられる．

Orthogonal Frequency Division Multiple Access（直交周波数分割多元アクセス）の意味であり，高速な通信速度の広帯域信号を多数の狭帯域の低速な通信速度のマルチキャリア（広帯域信号を構成する1つひとつのキャリアはサブキャリアと呼ばれる）を用いて並列伝送する方式である．

　第4世代のLTEでは **SC**（Single Carrier）**-FDMA** と呼ばれる方式が採用されている（一部で広義の意味でOFDMAと呼ばれている場合もあるようである）．そのアクセス方式による周波数割当てを**図4.12**に示す．OFDMを構成するサブキャリアを利用するものの，本方式では割り当てる周波数帯域は離散的ではなく，連続する周波数帯域を割り当てる．その意味でシングルキャリアといえる．ここで，このシングルキャリアは通信速度に応じた可変帯域幅である．なお，第1世代のアクセス方式であるFDMAと考え方は同様であるが，本方式はOFDM（6.2節）を構成するサブキャリアが割り当てられている点が異なり，対マルチパスの観点から有利な方式である．

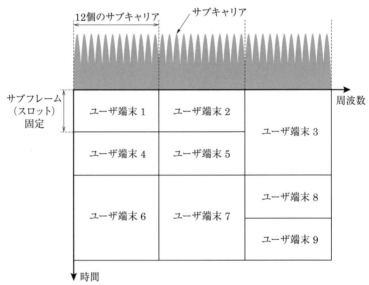

図4.12 SC-FDMA方式による周波数割当ての一例

SC-FDMA ではサブキャリアの間隔とスロットの時間長が固定であるのに対して，第5世代の **OFDMA** 方式は，これらがパラメータとして変更できる点が異なる．その一例を**図4.13**に示す．この OFDMA 方式によって，高い周波数の利用効率とともに多元接続数を増大させることが可能になる．

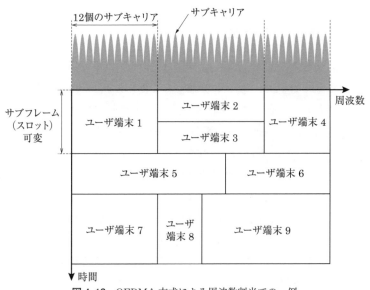

図4.13 OFDMA 方式による周波数割当ての一例

なお，多元接続方式は各世代によって変わっているが，複信方式は TDMA が採用された第2世代を除き，FDD 方式が採用されている．

以上述べてきた FDMA，TDMA，CDMA および OFDMA の各方式は，それぞれのユーザ端末が送信する周波数，時間が確実に分離されているか，または，独立な拡散符号が割り当てられていた．これは，通信に先立って事前に基地局が**チャネル割当て**（FDMA 方式では使用周波数帯域の通知と確保，TDMA 方式では時間スロットの割当て通知や同期信号の送信，CDMA 方式では拡散符号の通知など）を行っているためである．したがって，確実な通信を行うという観点からは妥当な方法であるといえるものの，情報伝送以外にも上記の割当てのための

周波数リソースが必要である．また，チャネル割当ては複雑なシーケンスとなり，ユーザ端末への負荷も大きくなる．モバイル通信システムは基地局がアクセスしようとするユーザ端末を制御する集中制御方式といえる．端末ユーザは，基地局を運用する総務大臣から無線局免許を受けた通信事業者と契約し通信サービスを利用する形態となる．

4.6　ランダムアクセス方式

ランダムアクセス方式は，広義の意味では時間を各ユーザ端末でシェアして使用するという意味で TDMA 方式に分類することもある．ただし，送信情報の発生をトリガーとして，その情報を特定の長さのパケットに分割して送信を行い，TDMA 方式のようにユーザ端末に時間スロットを割り当てることは行わず，送信するデータが発生するたびにユーザ端末がデータを送信する形態である．したがって，ユーザ端末が複数存在するときは送信パケットのコリジョン（衝突）が発生することになる．しかし，トラフィックが少ないときはコリジョンの発生も少なく，それを許容する方式である．TDMA 方式と比較したランダムアクセス方式の基本形態を**図 4.14** に示す．本方式では，確実なチャネル確保を犠牲にする代償として，厳密なタイミング制御やチャネル割当てなどの複雑なシーケンスを省いている．基地局による制御がなく，集中制御に対して，分散制御，自律分散制御として分類される．

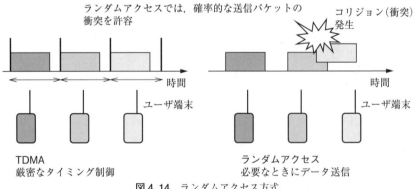

図 4.14　ランダムアクセス方式

ランダムアクセス方式としてさまざまな手法が提案されているが，主として以下の方式に分類できる．

純アロハ（ALOHA）方式：基地局（制御局と呼ぶ場合もあり）なしに複数の無線局が伝送すべきデータパケットが発生するとただちに送信する方式であり，一定時間内に受信確認（ACK（Acknowledgement）ともいう）が得られない場合は，再送を行う方式である．本方式はハワイ大学で開発され命名された．ALOHA とは Additive Links On-line Hawaii Area の意味である．

スロット付アロハ方式：データパケットの送信タイミングを時間軸上のスロットに同期して送信するアロハ方式である．基地局（制御局）がタイミングの同期情報を各ユーザ端末に送信する．各端末はこの同期情報を受信して，特定のスロット間隔で送信を開始する．純アロハ方式とスロット付アロハ方式の相違を図 4.15 に示す．図に示すようにパケットの部分衝突がなく，コリジョンの確率も低くなり，伝送効率は純アロハ方式よりも高くできる．

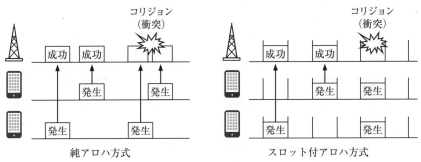

図 4.15　純アロハ方式とスロット付アロハ方式の相違

両者の**スループット**を**図 4.16**に示す．スループットとは単位時間で伝送できるデータ量を指す場合が多いが，ここでは回線の能力（例えば 10Mbps）を最大限に使用している場合を 1 としたものを示している．トラフィックが小さいときは回線の能力を十分に使用していないので，低い値である．トラフィックが増大するに従い，回線の利用効率は向上してスループットは上がるものの，コリジョンの発生確率が上昇することにより，ある時点で最大値になった後はトラフィックの増加とともにスループットは低下する傾向をもつことになる．

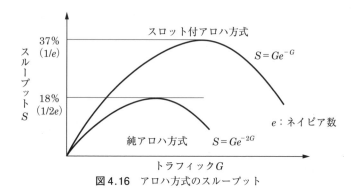

図4.16 アロハ方式のスループット

CSMA（Carrier Sense Multiple Access）方式：無線チャネルの使用状況を監視（**キャリアセンス**）し，空いていると判断したときに送信する方式である．無線 LAN のアクセス方式として採用されている．そのシーケンスを**図4.17**に示す．キャリアセンスを行って衝突を回避する（Collision Avoidance）という意味で，**CSMA/CA** と呼ばれる．送信しているキャリアの存在を検知したときは，ある時間待機してから再送信する．キャリアセンスに対してパケット送信のタイミングに遅れがある場合は，衝突確率が上がる．また，隠れ端末問題，すなわちキャリアセンスを行ってもキャリアを検知できない位置にほかのユーザ端末がある場合は，両端末の送信開始によって基地局でコリジョンが生じ，スループットが低下するという問題がある．キャリアセンス時の待ち時間の決定方法や隠れ端末問題の解決手段は，「無線 LAN」の8章で述べる．

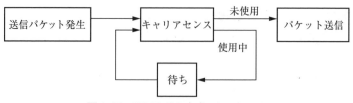

図4.17 CSMA/CA 方式のシーケンス

─────────────── **章末問題** ───────────────

1. ワイヤレス通信システムが多数のユーザを収容するために，各ユーザが何をシェアしているのか述べよ.

2. FDMA，TDMA において，稠密にユーザを配置するためのガードバンドを小さくするために必要な項目を述べよ.

3. ガードインターバル長 252μs のとき，希望波とマルチパス波との干渉がない伝搬距離差の最大値を求めよ.

4. 以下の文の（　）内に適切な用語で埋めよ.

   伝送効率を向上するために，送信と受信を効率的に並行処理する(a)，1つの基地局やアクセスポイントで複数の端末との通信を可能にする(b)がある.(a)には，送信と受信で異なる時間を利用する(c)，異なる周波数を利用する(d)がある.(b)では，各端末に周波数を割り当てる(e)，時間を割り当てる(f)，符号を割り当てる(g)が基本的な方式である.

5. 複信方式として FDD と TDD があるが，全二重通信，半二重通信という観点からその相違を述べよ.

6. CDMA が FDMA，マルチキャリア TDMA よりも置局設計が容易になった理由を説明せよ.

7. ランダムアクセスが，FDMA，TDMA，CDMA と異なる点を述べよ.

第5章
信頼性確保のための技術

5.1 基本的方法

　ワイヤレス通信システムと，光ファイバなどを用いた有線の通信システムにおける大きな相違の1つに伝送環境がある．有線で伝送する場合，ADSL[1]などでは周辺雑音の影響を受ける場合があるものの，基本的には安定した伝送環境が確保されている．一方，ワイヤレス通信システムに関しては，フェージングの発生や他システムからの干渉などによって伝送環境が劣化する場合がある．特に移動しながら通信するような条件下では，フェージングの影響が大きく，そのような環境下でも通信品質を確保することが大きな課題となる．

　通信にとって最も重要なことは，情報を正しく伝送すること，すなわち伝送の信頼性を確保することであり，その条件を満足して初めて伝送速度を向上させる意義がある．ディジタル通信システムにおいては，送信するデータのそのままの形では受信したデータ系列の誤り箇所を知ることはできないが，信号伝送の電力と雑音の電力の比から，統計解析によって誤りの発生確率を求めることができる．

　C/N比（信号を伝送するキャリア（Carrier）と雑音（Noise）の電力比）と符号誤り率[2]（**ビット誤り率**（**BER**：Bit Error Rate））の関係を**図5.1**に示す．例

1　Asymmetric Digital Subscriber Line（非対称ディジタル加入者線）の略．電話通話が利用しない電話回線（メタル回線）の周波数帯を利用して，光ファイバの普及前の1999年に開始された．当時としては高速なデータ通信を可能としたサービスだった．2024年3月末に終了が予定されている．

2　複数のビットから構成されるパケットに誤りが含まれる確率をパケット誤り率（PER: Packet Error Rate）と呼ぶ．

えば，ビット誤り率 10^{-6} とは，10^6 個のビット系列に対して 1 ビットの誤りが発生する確率を示している．C/N 比[1]が同じでも，変復調方式によって誤り率は異なる．第 6 章でも述べるが，多値変調にするほど誤り発生の確率は高まる．キャリアの電力 C を向上させて C/N 比を確保し，誤り率を少なくすることも可能であるが，この方法では消費電力だけではなく，ほかのシステムへ与える干渉も大きくなる．現実的には，送信側の電力や復調回路の負担などとシステム要求を考慮して，目標とする誤り率が決められる．音声通信のみであれば，誤り率は 10^{-4} 程度でも許容されるが，この場合は誤り率よりもむしろ遅延が問題となる．一方，データ通信では，ワイヤレス区間の誤りを 10^{-10} 以下に抑えるとともに，さらに通信プロトコルの上位レイヤで誤りを取り除く工夫がとられているのが現状である．

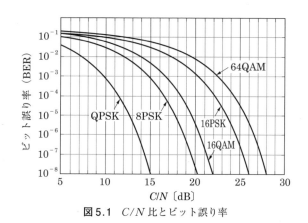

図 5.1　C/N 比とビット誤り率

　伝送誤り率を低下させる，あるいはその影響を軽減する，すなわち信頼性を確保するための基本的方法は，以下の 3 つの方法に大別できる．
① 　誤りが発生しないようにする．
② 　誤りを検出して，改めて送信（再送）してもらう．
③ 　送信する情報に新たなデータを付加し，伝送路で生じた誤りを受信側で自動

1 　C/N 比と伝送速度の関係を示すシャノンの限界を付録 C に示す．

的に訂正する.

　①～③のそれぞれに対応して，ダイバーシティ技術，再送制御技術，誤り訂正技術があり，通信システムとしての信頼性を向上させている．次節から，個々の技術について説明を加える.

5.2　ダイバーシティ技術

　フェージングにより受信強度が低下し，誤りの発生確率が高くなるが，**ダイバーシティ受信**によりその影響を軽減することができる．その基本的な考え方は，「相関の小さい複数の受信手段を用意し，そのうちの品質劣化の少ない手段による信号を選択，あるいは合成することにより，品質を確保する」という方法である．この方法は，電波の受信環境は場所ごとに異なること，時間的にも変動するということを利用するものである．この考え方から，ダイバーシティには以下の方法がある.

スペース（空間）ダイバーシティ：距離の離れたアンテナで受信する方式である．通常は複数のアンテナを用いて，相関性の低い電波を受信する．スペースダイバーシティの構成を図 5.2 に示す．選択合成法は，受信強度の高いアンテナをスイッチで切り替えて選択する方法である．最大比合成法は，各アンテナの受信波の位相を位相器で調整して合わせ（同相合成），さらに C/N 比の大きい方の受信信号が強調されるように重み付け（利得調整）を行って合成する方法であり，性能はより高くなる.

周波数ダイバーシティ：送信側が異なる複数の周波数で送信することによって，受信側で複数の受信波を得る方法である．これは，周波数によってフェージングの影響が異なることを利用するものである.

時間ダイバーシティ：異なる時間で同一の信号を送信する方法である．これは，フェージングが時間的に異なることを利用するものである．再送や連送はこの考え方によるものである.

　結果として，これらのダイバーシティ技術を適用することによって受信困難な状況の改善や誤り率を低下させることができ，通信品質の向上を実現できる．CDMA 方式で可能となるレイク受信は，マルチパスによる複数の遅延波を合成

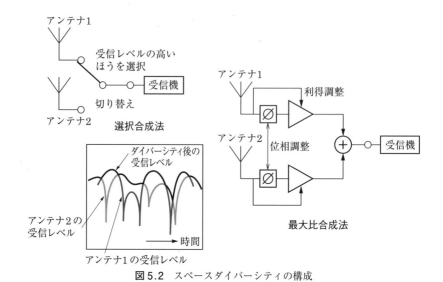

図5.2 スペースダイバーシティの構成

して受信することによって信頼性を高めており，この受信技術もダイバーシティ技術の範疇に含まれる．

5.3 誤り検出と再送制御

(1) 誤り検出

ディジタル方式が品質劣化に強いといわれる理由の1つに，誤りを検出できること，その誤りを訂正できる機能を具備できることがある．ワイヤレス通信の伝搬路で発生する誤りは，**ランダム誤り**と**バースト誤り**に分類できる．ランダム誤りとは，文字どおり個々の送信ビットである (0, 1) の系列において，誤り（(0, 1) の反転）がランダムに発生するものである．その主たる原因は，受信機の**熱雑音**（回路素子の熱による雑音で，温度に比例して大きくなる）である．

一方のバースト誤りは，バーストという意味からも想像できるように，ある一定時間に集中して発生する誤りである．この誤りは，主としてフェージングや他システムからの干渉波が短時間に発生し，C/N 比が低くなったときに発生するものである．本節では，受信データの誤りを検出する方法の基本的な例ととも

に，再送によって信頼性を確保する方法を述べる.

受信される (0, 1) のデータ系列があらゆるビットの組み合わせを取りうることから，受信データそのものから誤りの発生を検知することはできない．誤り検出の基本的な方法は，送信データに誤り検出用の冗長ビットを加えることによって誤りを検出する方法である．最も単純な誤りの検出手段として，パリティ検査がある.

パリティ検査：**パリティ検査**による誤り検出の仕組みを**図5.3**に示す．8から16ビット程度を1つのデータブロックとして，これに1ビットのチェック用データを付加する．パリティとして，aからhまでの箇所の1の数が偶数個ならばpの位置に0，奇数個ならば1を付け加えて送信する（偶パリティの場合）．受信側では，aからhまでの1の数からパリティを確認し，誤りの発生を検知する．この方法では1ビットの誤りの発生を検出できるが，誤りの訂正や2ビット以上の誤りの検出はできない（どのビットに誤りが発生したかを知るすべがない）．しかし，垂直方向にも同様の処理を行うことによって，誤りが1ビットの場合は，誤り発生の可能性のある箇所として行・列要素が明確になり，その交差した箇所を誤りとして確定できる（**図5.4**）.

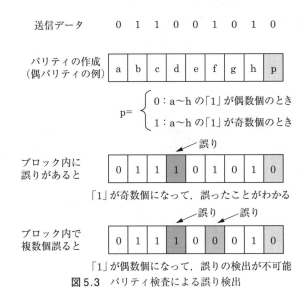

図5.3 パリティ検査による誤り検出

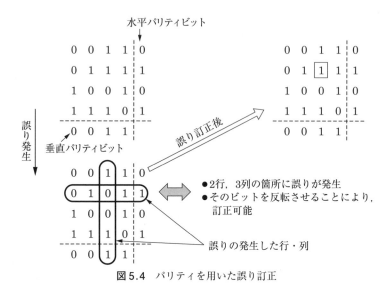

図 5.4　パリティを用いた誤り訂正

　ディジタル通信の場合の符号系列は (0, 1) の 2 値であるので，誤り箇所が確定できれば誤り訂正ができることになる．本手法は最も基本的な方法であり，誤り検出の出発点ともいえる方法であるが，前述の問題があり，誤りがほとんど発生しない MPU とメモリ間のデータ伝送に適用されているのが現状である．

FCS：誤り検出をより確実にする方法として，**FCS**（Frame Check Sequence）を冗長ビットとして付加する方法がある．FCS による誤り検出の基本的な考え方を**図 5.5**に示す．データ本体からある規則を用いて FCS を生成し，これを送信パケットの末尾に追加して送信する．受信側はあらかじめ送信側に追加した FCS の生成規則を知っているので，データ本体から FCS を改めて計算する．そして，受信した FCS と計算した FCS が一致していれば，誤りなく受信したことが確認できるという仕組みである．

　その簡単な一例を示す．いま，$X^6X^5X^4X^3X^2X^1X^0$ という多項式を考え，0110010 というデータを送信するとき，$X^5+X^4+X^1$ という多項式で表し，これを $P(X)$ とする．

$$P(X) = X^5+X^4+X^1 \tag{5.1}$$

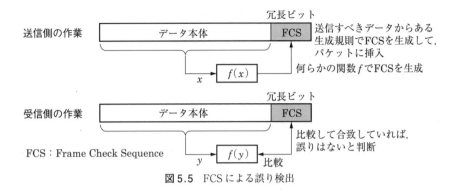

図 5.5 FCS による誤り検出

送信側と受信側であらかじめ決めておいた生成多項式 $G(X)$ を以下とする.

$$G(X) = X^6 + X^2 + 1 \tag{5.2}$$

$P(X)$ に $G(X)$ の最高次の項 X^6 をかけ，それを $Q(X)$ とおくと，$Q(X)$ は以下となる.

$$Q(X) = P(X) \cdot X^6 = (X^5 + X^4 + X^1) \cdot X^6 = X^{11} + X^{10} + X^7 \tag{5.3}$$

次に，$Q(X)$ を生成多項式 $G(X)$ で割る．このとき，モジュロ 2 という演算 $(0 \pm 0 = 0,\ 0 \pm 1 = 1,\ 1 \pm 0 = 0,\ 1 \pm 1 = 0)$ を用いると

$$\frac{Q(X)}{G(X)} = X^5 + X^4 + 1 \quad 余り \quad X^5 + X^4 + X^2 + 1 \tag{5.4}$$

となる．この余りを $R(X)$ で表す．これを FCS に設定して（この場合は $R(X)$ から 0110101）送信する.

受信側では，$Q(X) = P(X) \cdot X^6 + R(X)$ を生成多項式 $G(X)$ で割って，余りが 0 ならば誤りなしの受信，割り切れなければ誤り発生と判断する.

多くのシステムで広く用いられている生成多項式は ITU-T で勧告されている 16 ビットのものであり，次式で与えられる．これは，イーサネットによる通信でも用いられている.

$$G(X) = X^{16} + X^{12} + X^5 + 1 \tag{5.5}$$

　ワイヤレス通信システムでは誤り発生の確率が高いので，より高次の生成多項式が決められている．この生成多項式による方法は，性能のわりに検出回路が単純に構成でき，生成多項式の長さを大きくすることで検出能力の向上を容易に実現できるので，広く用いられている．

　このように，誤り検出のための冗長ビットを送信データに付加することにより信頼性を確保できるが，その反面，伝送効率を犠牲にすることになる．冗長ビットが多いほど検出能力は高まるが，伝送効率は悪化する．このとき，送信すべき情報データを K ビット，情報データに冗長ビットを加えた全送信データを N ビットとしたとき，**符号化率**として $R = K/N$ が定義される．この値が低いほど本来の情報量が少なく，誤り検出・誤り訂正のための冗長ビットを多く含んだデータ構造といえる．

(2) 再送制御

　誤り検出によって誤りが発見された場合は，**再送制御**（ARQ：Automatic Repeat Request（自動再送要求））を行うことによって誤り率を低下させることができる．この考え方は基本的に時間ダイバーシティと考えることができる．

　ARQ 方式には3つの基本方式がある．その基本的方法を**図5.6**に示す．

① 　Stop and Wait ARQ：1つのデータブロックを受信するごとに正常受信を示す確認の ACK（Acknowledgement：肯定応答）を返送し，ACK 確認後に次のデータブロックを送信する方式である．受信側で誤りが確認されれば NACK（Negative ACK：否定応答）を返送し，再送を要求する．

② 　Go Back N ARQ：データブロックを連続送信し，受信側から誤りの発生したブロック番号の情報を含む NACK が返された時点で誤りがあったブロックまで戻って，それに続くブロックをその順序を確保したまま再送する方式である．

③ 　Selective Repeat ARQ：Go Back N ARQ の変形で，誤りのあったブロックのみを再送する方式である．

　①は最も単純な方法であるが，往復伝送時間が大きなシステム（衛星通信システムなど）では伝送効率が大きく低下する．これは図中の各データブロックの間隔が大きくなることから明らかである．②は送信するブロック間に空きがなく，①に比べて効率は優れるが，正常に受信したブロックを含んだ状態で再送してお

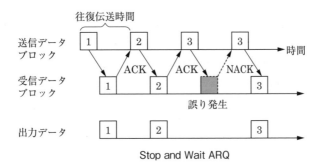

Stop and Wait ARQ

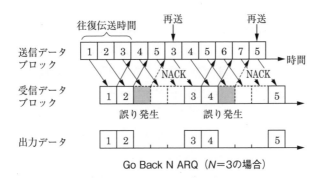

Go Back N ARQ (*N*=3の場合)

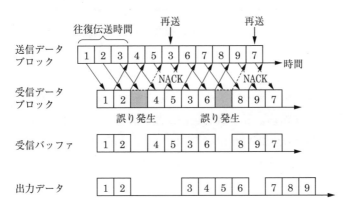

Selective Repeat ARQ

図5.6 再送制御の基本的方法

り，無駄があるといえる．③は最も効率がよいが，受信ブロックを一時蓄積するためのバッファが必要となる．また，出力データは受信バッファのパケットを正しい順序に並び替えて再構成する必要がある．

　ARQ 方式はどの方法でも再送による遅延が生じるため，リアルタイム性が要求されないデータ通信などのサービスで利用されている．

5.4　インタリーブ

　誤りの種類にランダム誤りとバースト誤りがあることはすでに述べたが，誤り検出，次節に述べる誤り訂正の観点からは，同じ誤りでもランダム誤りのほうがバースト誤りよりも対応しやすい．このことは，システム全体としての誤り率が同じでも誤りが長い時間の中でまばらに発生する場合と短時間の間に集中して発生する場合，後者のほうが検出および訂正が難しいということは感覚的にも理解できるであろう．

　バースト誤りの訂正の方法として，**インタリーブ**（もともとは「白紙を差し込む」という意味）という手法がある．データを並び替えて送信し，受信側で逆に並び替えてもとに戻す方法である．その基本手法を**図 5.7** に示す．送信機に入力されるデータを時間順に a_1，a_2，・・・とする．これを図中（b）に示すように並び替えて，（c）のような順番で送信する．バースト誤りは連続的に発生する誤りであるので，ここで a_{13}，a_2，a_6，a_{10} に誤りが発生したとする．

　受信側では**デインタリーブ**，すなわち，インタリーブと逆の書込みと読出しを行う．その結果，出力データは（e）に示した状態となる．したがって，誤りが発生したビット位置（a_2，a_6，a_{10}，a_{13}）が散らばり，バースト誤りはランダム誤りに変換されるため，誤り検出および誤り訂正が（c）の状態よりも容易になる．ただし，この手法ではデータの一時蓄積および並び替えが必要となるので，処理遅延の影響がある．

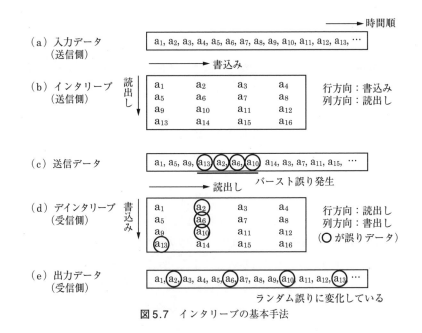

図 5.7　インタリーブの基本手法

5.5　誤り訂正とハミング符号

符号理論によって前方誤り訂正（FEC：Forward Error Correction）として種々の技術が開発され，ビット誤り率 BER を低下させ通信品質を向上させることができる．**誤り訂正**は，情報データに誤り訂正のための冗長ビットを送信側で追加し，伝送途中に生じたデータ誤りを受信側で自動的に検出して訂正する技術である．ディジタル伝送の場合，データは (0, 1) の 2 値しかないので，誤りが生じた箇所が特定できればその場所のビットを反転することによって誤りを自動的に訂正できる．

誤り訂正符号は，大別するとブロック符号と畳み込み符号に分けられる．**ブロック符号**は，送信するデータを特定の大きさでブロック化し，それぞれのブロックごとに誤り訂正のための冗長ビットをブロックの末尾に追加する方式である．したがって，誤り訂正のためにほかのブロックのデータが必要になることはなく，復号はブロックごとに行う．

　一方の**畳み込み符号**は，ブロックに分割して符号化するのではなく，連続する情報データに対して誤り訂正用のデータを情報データ内に連続的に付加する方式である．現在の入力情報だけではなく，過去の情報にも影響される点がブロック符号と異なっている．具体的には，符号器に入力される情報ビットごとに，そのビットの前のKビット（このビット数を拘束長と呼ぶ）と，現在符号器に入力されているビットとのモジュロ2演算を行い，この結果を出力ビットとする方式である．なお，モジュロ2演算は，5.3節の生成多項式で述べたものと同じである．

　また，両者を組み合わせた鎖状符号（連接符号）と呼ばれる方式もある．主な誤り訂正方式の種類を**表5.1**にまとめる．生じる誤りの傾向（ランダム，バースト），実装のための回路や方式を適用した後の誤り率の要求などから，実際に実装する誤り訂正方式が選択されることになる．従来はハードウェア規模などの制約から実際の機器への実装が難しく，高価になるなどの課題もあったが，近年のLSI技術の進展などもあり，高度な誤り訂正技術がLSIで実現されている．

表5.1　主な誤り訂正方式

	ランダム誤り訂正用	バースト誤り訂正用
ブロック符号	ハミング符号 BHC符号 ゴーレイ符号	ファイヤ符号 リード・ソロモン符号
畳み込み符号	しきい値復号 ビタビ復号 逐次復号	岩垂符号
鎖状符号 （連接符号）	畳み込み符合−リード・ソロモン符号	

　次に，誤りの検出と訂正の可否について考える．いま，情報データを$(0, 1)$とし，これに冗長性をもたせて，0を000に，1を111に割り当てて送信するとする．ここで，伝送路において最大1つの伝送誤りが発生するものと仮定する．この場合の受信信号は8種類考えられる（000，001，010，100，111，110，101，011）．誤りは最大1つであるので，001，010，100が受信された場合は000が送信された場合である．また，110，101，011が受信された場合は111が送信され

たときと考えられる．しかし，2つの誤りが発生した場合は，3ビットが同じ，つまり，(000, 111) ではないので誤り検出は可能であるが，1ビットの誤りか2ビットの誤りかを識別できず，訂正することは不可能になる．

　この考え方をより一般的に説明するために，符号の**ハミング距離** d について述べる．この距離 d とは，2つの符号の相対するビットを比較した場合，異なるビットの数であり，情報データ u, v をそれぞれ n ビットに符号化したときのハミング距離 $d(u, v)$ は以下で与えられる．

$$d(u, v) = \sum_{i=1}^{n} \delta(u_i, v_i) \tag{5.6}$$

ここで，

$$u = u(u_1, u_2, \cdots, u_n) \tag{5.7}$$

$$v = v(v_1, v_2, \cdots, v_n) \tag{5.8}$$

$$\delta(u, v) = \begin{cases} 0 : u = v \text{のとき} \\ 1 : u \neq v \text{のとき} \end{cases} \tag{5.9}$$

である．

　この中で一番小さい距離を最小ハミング距離 $d_{\min}$ という．$d_{\min}$ と誤り検出，誤り訂正の関係を**図5.8**を用いて説明する．図の(a)において，送信するデータ (0, 1) を示す．横軸は距離を示している．距離が1の場合，雑音，フェージングなどの影響によって0が1に反転するとデータは1となり，誤った判定結果となる．しかし，このデータに関しては誤ったことを検出することも訂正することもできない．

　図の(b)は，距離が2の場合を示す．1ビット誤ると，0も1もその中間の白丸のところに移動するため，誤ったことを検出することは可能であるが，誤り訂正はできない．なぜなら，それが0からの移動か1からの移動か判別できないためである．2ビットの誤りの場合は符合が重なってしまい，最初からそこの位置の符号なのか，移動した符号なのかの区別ができず，誤りの検出も訂正もできない．図の(c)は距離が3の場合である．1ビット誤りの場合は，それぞれのデータの隣の白丸の位置に移動するだけなので訂正は可能であるが，2ビット誤りの場合はどちらの信号が移動したのかの識別ができないので，訂正はできない．

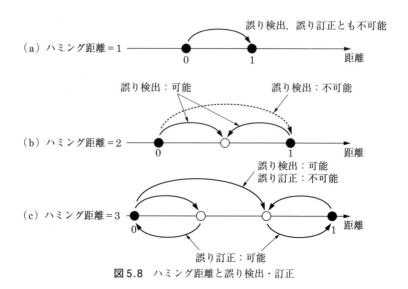

図5.8 ハミング距離と誤り検出・訂正

　以上のことを拡大して一般化すると，信号間の最小距離が $d_{\min}$ の場合，ハミング距離と k ビットまでの誤り検出，または k ビットまでの誤り訂正能力との間には次の関係が存在する．

$$d_{\min} > = \begin{cases} k+1 : \text{誤り検出} \\ 2k+1 : \text{誤り訂正} \end{cases} \tag{5.10}$$

　図5.8(c)の例では最小ハミング距離 $d_{\min} = 3$ なので，上の式から $k = 2$ ビットまでの誤り検出と $k = 1$ ビットまでの誤り訂正能力をもつことがわかる．なお，$d_{\min} = 5$ の場合では，2ビットまでの誤り訂正が可能である．

　誤り訂正の具体例として，ここではブロック符号の中で最も簡単な例として(7，4) **ハミング符号**について，その訂正方法を述べる．この符号は，伝送する情報4ビットをひとまとめのブロックとしてそれに3ビットの冗長ビット（検査符号）を付加し，合計7ビットのブロックとして送信するものである．

　いま，情報データ $i = (i_1, i_2, i_3, i_4)$，検査データ $c = (c_1, c_2, c_3)$ とすると (7，4) ハミング符号は以下のように記述される．

$$X = (i_1, \ i_2, \ i_3, \ i_4, \ c_1, \ c_2, \ c_3) \tag{5.11}$$

検査データ c を以下から求める.

$$
\begin{aligned}
c_1 &= i_1 \oplus i_2 \oplus i_3 \\
c_2 &= i_2 \oplus i_3 \oplus i_4 \\
c_3 &= i_1 \oplus i_2 \oplus i_4
\end{aligned}
\tag{5.12}
$$

このような符号化をすべての i の組み合わせ（全部で $2^4 = 16$ 通り）について行うと, **表5.2** の $(7, 4)$ ハミング符号が得られる. この表から, どの場合を比べても最低3つ以上の符号は異なる. したがって, 前述の説明から最小ハミング距離は3であり, 1ビットの誤り訂正が可能であることがわかる.

表5.2 $(7, 4)$ ハミング符号

i_1	i_2	i_3	i_4	c_1	c_2	c_3
	情報符号				検査符号	
0	0	0	0	0	0	0
1	0	0	0	1	0	1
0	1	0	0	1	1	1
1	1	0	0	0	1	0
0	0	1	0	1	1	0
1	0	1	0	0	1	1
0	1	1	0	0	0	1
1	1	1	0	1	0	0
0	0	0	1	0	1	1
1	0	0	1	1	1	0
0	1	0	1	1	0	0
1	1	0	1	0	0	1
0	0	1	1	1	0	1
1	0	1	1	0	0	0
0	1	1	1	0	1	0
1	1	1	1	1	1	1

次に, ハミング符号の誤り検出では, 受信したこの7ビットの符号に対して以下のシンドローム s （受信データに付加する誤り訂正用のデータ）を計算する.

$$s_1 = c_1 \oplus i_1 \oplus i_2 \oplus i_3$$

$$s_2 = c_2 \oplus i_2 \oplus i_3 \oplus i_4 \tag{5.13}$$
$$s_3 = c_3 \oplus i_1 \oplus i_2 \oplus i_4$$

誤り発生位置とシンドロームの関係を表5.3に示す．$s_1 = s_2 = s_3 = 0$の場合は誤りなしの伝送と判断できるが，誤りが発生した場合は，誤り発生位置とシンドロームが1対1に対応している．

表5.3 誤り発生位置とシンドローム

誤り発生位置							シンドローム s_1 s_2 s_3		
0	0	0	0	0	0	0	0	0	0
1	0	0	0	0	0	0	1	0	1
0	1	0	0	0	0	0	1	1	1
0	0	1	0	0	0	0	1	1	0
0	0	0	1	0	0	0	0	1	1
0	0	0	0	1	0	0	1	0	0
0	0	0	0	0	1	0	0	1	0
0	0	0	0	0	0	1	0	0	1

いま，情報として送信されるデータが$(1, 1, 1, 0)$の場合，その検査データcは$(1, 0, 0)$となり，ハミング系列は$(1, 1, 1, 0, 1, 0, 0)$となる．ここで，例えば受信した信号列の3番目のビットに誤りが発生したと仮定し，$(1, 1, 0, 0, 1, 0, 0)$だった場合，そのシンドロームを求めると

$$s_1 = 1 \oplus 1 \oplus 1 \oplus 0 = 1$$
$$s_2 = 0 \oplus 1 \oplus 0 \oplus 0 = 1 \tag{5.14}$$
$$s_3 = 0 \oplus 1 \oplus 1 \oplus 0 = 0$$

となり，表5.3から3番目のビットに誤りがあったことがわかる．このビットを反転させることによって，誤りを訂正することが可能である．

この誤り訂正による効果として，$(7, 4)$ハミング符号の誤り率P_Wを求める．この符号では上記のように1ビットの誤り訂正が可能であることから，2ビット以上の誤りが発生したときに符号の誤りとなる．したがって誤り率P_Wは，ビット誤り率をpとしたとき以下で与えられる．

$$P_W = {}_7C_2p^2(1-p)^5 + {}_7C_3p^3(1-p)^4 + {}_7C_4p^4(1-p)^3 + {}_7C_5p^5(1-p)^2$$
$$+ {}_7C_6p^6(1-p) + {}_7C_7p^7 \fallingdotseq 21p^2 \tag{5.15}$$

一方，ハミング符号を適用せずに，4ビット送信をした場合の誤り率 P_{WN} は，4ビットの中で1ビット以上誤りがあれば誤りとなることから，次式になる．

$$P_{WN} = 1 - (1-p)^4 \fallingdotseq 4p - 6p^2 \tag{5.16}$$

例えば，ビット誤り率として $p = 10^{-4}$，10^{-10} を仮定したとき，P_W はそれぞれ 2.1×10^{-7}，2.1×10^{-19}，P_{WN} は 4.0×10^{-4}，4.0×10^{-10} となり，誤り訂正符号化しない場合に比べて誤りを十分小さくできることが確認できる．本例は最も単純な例を示したが，実際にはより複雑で高度なさまざまな誤り訂正符号が適用され，ワイヤレス回線の品質が保たれている．

章末問題
---

1. BER が 10^{-6} であるとき，ファイルサイズ1MB（バイト）のデータを送信する際の誤りビット数を求めよ．

2. 10Mbps のディジタル信号において，測定開始後のある時間までに誤りが1ビット観測された．このときの時間を求めよ．ただし，BER は 10^{-8} とする．

3. 1パケットが n ビットから構成され，その回線のビット誤り率 BER が p_b であるとき，パケット誤り率 PER が PER $= 1 - (1-p_b)^n$ で求められることを示せ．

4. 64QAM と QPSK を比較したとき，同一の回線品質（BER $= 10^{-8}$）を確保するために必要となる C/N 比の差を示せ．

5. 周波数帯域 $B = 5 [\text{kHz}]$，雑音の平均電力 $N = 1 [\mu\text{W}]$ の伝送路で伝送速度 $R = 100 [\text{kbps}]$ の伝送をしたい．必要な搬送波の電力 C はいくらか示せ．

第 6 章
高速化のための技術

6.1 多値変調

　ワイヤレス通信システムにおいては，より少ない電力および周波数帯域で多くの情報を伝送すること，すなわち周波数の利用効率を向上させることが重要となる．第 3 章で述べた BPSK と QPSK の相違から明らかなように，同じシンボルレート（変調周期）でより多くの情報を送出するための変調方式を一般に **多値変調** と呼ぶ．有線ネットワークの高速化にともない，ネットワークシステムの中でワイヤレス通信システムがボトルネックとならないための高速化の技術がますます重要になっている．このための高速化技術の 1 つが，多値変調技術である．基本的な考え方は，位相，振幅変調における信号の変化の割合をより細かく，または複数の変調を組み合わせて高速化するというものである．また，6.3 節で述べる MIMO システムのように，**空間多重** というこれまでの多重化方法とは異なる概念による高速化技術もすでに商用化されている．

　主なディジタル変調方式の変調波の位相－振幅空間におけるベクトル表示を **図 6.1** に示す．これは IQ 平面上での表現であり，信号空間ダイヤグラムと呼ばれるものである．ここで，I は In-phase（同相成分），Q は Quadrature（直交成分）であり，変調波を振幅および位相の変化で表現できることを利用している．

　位相変調の場合，$M = 2n$ の位相値で n ビットの情報を伝送する位相変調方式を M 相 PSK と呼ぶ．BPSK，QPSK をこの表現に準拠すると，2 相 PSK，4 相 PSK となる．さらに，変調時における位相変化を QPSK の 90 度から 45 度までに変更すると，8 相 PSK となる．

　振幅変調でも同様に振幅変化をより細かく設定することにより，多値化が実現

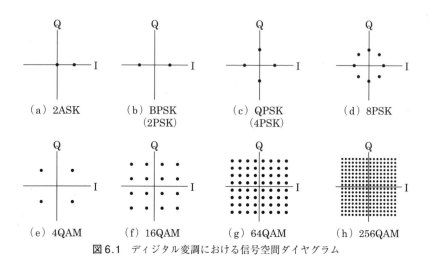

（a）2ASK 　（b）BPSK（2PSK）　（c）QPSK（4PSK）　（d）8PSK

（e）4QAM 　（f）16QAM 　（g）64QAM 　（h）256QAM

図6.1 ディジタル変調における信号空間ダイヤグラム

できる．M 値の直交振幅変調を M 値QAM（Quadrature AM）と呼ぶが，これは振幅変調と位相変調を組み合わせてデータを送る変調方式である．

前述の BPSK，QPSK，8PSK では，1回の変調周期の時間で1ビット（0，1の 2^1 個），2ビット（00，01，10，11 の 2^2 個），3ビット（000，001，010，011，100，101，110，111 の 2^3 個）の情報が送信できること，同様に4QAM，16QAM，64QAM，256QAM の順で2ビット，4ビット（0000，0001，0010，0011，0100，0101，0110，0111，1000，1001，1010，1011，1100，1101，1110，1111 の 2^4 個），6ビット（2^6 個），8ビット（2^8 個）の送信ができることが把握できる．つまり，16QAM は BPSK の4倍の伝送速度を実現できる．

このように多値化を進めると，**周波数利用効率**（使用周波数帯あたりの伝送ビット数）は上昇するものの，隣接する信号間の間隔が狭くなり，信号点を識別するための余裕がなくなる．このため，ノイズやマルチパス，他システムからの干渉の影響を受けやすくなり（**図6.1**における点が広がることでさらにそれらの点の間隔が狭くなり，ほかの点との識別が難しくなる），通信品質の確保が難しくなる．このため，誤り訂正の符号が多く必要となったり，誤り発生による再送が頻繁に行われ，多値化の効果が十分に得られないことがある．そこで，適応変調という仕組みを用いて，電波の受信状況に応じて最適な変調方式を選択する

場合もある．例えば，基地局に近くて電波状況がよい場合は，一度に多くのデータを運べる変調方式を使い，基地局から遠く電波の状況が悪い場合は，低速ではあるものの誤りの発生率が低い変調方式を用いる．

64QAM および 256QAM 方式は，ある固定区間を中継するマイクロ波通信で従来から適用されていたが，これは携帯電話などのモバイル通信に比べて伝搬環境が安定しているため適用できた方式である．最新の無線 LAN である Wi-Fi 6 ではマルチパスの影響を軽減する伝搬路補償技術の適用によって，1024QAM が実現されている．

6.2　OFDM（直交周波数分割多重）

OFDM（Orthogonal Frequency Division Multiplexing）は「直交周波数分割多重」と訳されるが，**マルチキャリア変調**方式の１つであり，各キャリアに異なる情報を載せている．本方式は，都市環境に多い高層建築物の影響など複雑な伝搬路を通過することにより発生するマルチパスによる品質劣化に強いという特徴があり，その環境下で高速伝送を実現する技術の１つである．これまで述べてきた変調方式が１つのキャリアに情報を載せる方式であるのに対して，OFDM は情報を複数のキャリア（１つひとつを**サブキャリア**と呼ぶ）を用いて送信し，受信側ではそれらの複数の変調波からもとの信号を復元するものである．マルチキャリア伝送であることから，ノイズやフェージングに強いというメリットもある．これは，複数のキャリアを用いて情報を送るため，その中のある周波数にノイズやフェージングが発生したとしても，影響を受けるのはその周波数のサブキャリアだけで，ほかの周波数のサブキャリアには影響しないためである．

　高速通信におけるマルチパスの影響について，**図 6.2** に示す．いま，送信側からの変調波を受信機で受信する構成において，直接波と反射波などの遅延波を受信する現実的な場合を考える．ここで簡単な例として，２進数のデータ（101）を 10Mbps と 10kbps で送信し，直接波と反射波などの遅延波の電波路長（光路長）の差を 30m とした場合で考える．この場合，この伝搬路の差による信号の遅延時間は，光速（3×10^8〔m/s〕）を考慮すると 10^{-7}s，すなわち 100ns である．

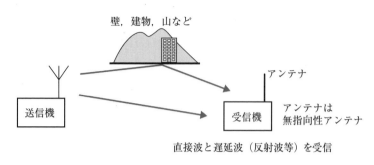

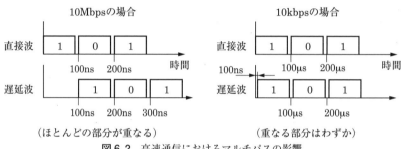

図6.2 高速通信におけるマルチパスの影響

　一方，10Mbps と 10kbps からそれぞれの１ビットあたりの信号の時間間隔は，その逆数をとって 100ns/bit，100ms/bit である．したがって，直接波と遅延波の受信機における到達時間を考慮したとき，受信する直接波，遅延波の様子は，10Mbps，10kbps の場合で**図6.2**のようになる．低速の通信では直接波と遅延波がほとんど干渉せず，遅延波が及ぼす影響はほとんど無視できるが，高速の通信の場合は直接波と遅延波が干渉し，正しい通信ができなくなる．すなわち，高速通信のほうがマルチパスの影響を受けやすく，低速通信ではマルチパスの影響を受けにくいことが理解できる．

　OFDM はこのことを利用した技術で，高速で送信するデータをいくつかの低速信号群からなるデータに分割し，その分割した低速信号群をそれぞれのサブキャリアで伝送し（サブキャリアは，１つひとつに QPSK などの変調が施される），そのキャリアを受信・復調してもとの高速なデータを取り出すという方式である．その仕組みを図6.3に示す．送信データを**直並列変換**（シリアル→パラレル変換）することによって複数のデータに分割し，それぞれのデータを変調

信号に載せて伝送する．受信側ではこれらのサブキャリアからの信号を復調し，並直列変換によってデータとして復元する．OFDM はモバイル通信，無線 LAN，ETC（Electrical Toll Collection System）やディジタル放送ですでに広く使用されている．

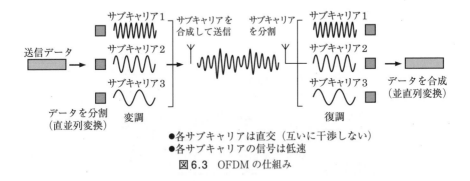

図6.3 OFDM の仕組み

OFDM とシングルキャリアによる変調方式の相違を図6.4 に示す．シングルキャリアで高速伝送する場合は，シンボルレートを短くしたり，周波数帯域を広くとって伝送速度を確保する．一方，OFDM は，必要となる周波数帯域を多数のサブキャリアに分割して，それらのシンボルレートを長くすることによって遅延波の影響を軽減し，全体としての伝送速度は分割した各サブキャリアを合成することによって確保している．

OFDM 信号を構成するキャリアの時間波形と周波数スペクトルを図6.5 に示す．OFDM の条件として，サブキャリアは基本キャリア（最も低い周波数のキャリア）の周波数の定数倍の周波数から構成されている．この場合，各キャリアは互いに直交（独立）し，ほかのサブキャリアへ干渉を与えることがない．ちなみに，$\cos \omega t \times \cos n\omega t$（$n$：整数）を1周期の区間で時間積分すると，$n = 1$ 以外では必ず0となり，各キャリアが直交していることが確認できる．

サブキャリア信号をそれぞれ周波数変換して重畳すると，OFDM 信号の周波数スペクトルとして図6.6 のような結果になる．QPSK などの周波数スペクトルではキャリアがシングルキャリアであるのに対して，OFDM 信号の周波数スペクトルは図のように各周波数キャリアがコンパクトに配列され，オーバラップ

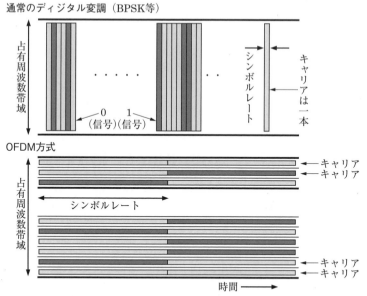

図6.4 シングルキャリア変調と OFDM の相違

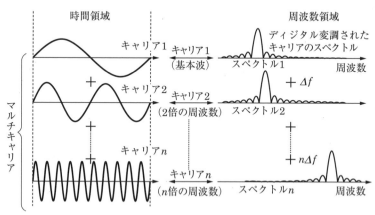

図6.5 OFDM を構成するキャリア

した信号となっている．各サブキャリアが直交していることにより，ガードバンドをとる必要がなくキャリアを稠密に配置することができ，この意味で周波数利用効率の観点からも優れた方式であるといえる．

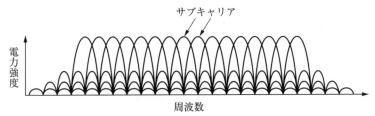

図 6.6　OFDM 信号の周波数スペクトル

　OFDM 送信機および受信機の基本構成を**図 6.7** と**図 6.8** に示す．送信機は送信する連続データに対してサブキャリア数に応じた分割（直並列変換）を行い，それぞれ分割されたデータをサブキャリアで変調する．ちなみに，第 4 世代の LTE ではここで使用される変調方式は QPSK，16QAM，64QAM であり，一次変調と呼ばれる．この周波数軸上に並んだ複数のサブキャリア信号を**逆フーリエ変換**し（複数の周波数信号を時間軸上の信号列となる），それを並直列変換し，以下に述べるガードインターバルを付加することで OFDM 信号を得る．受信側

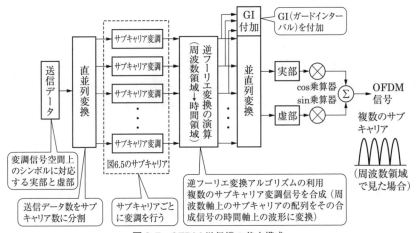

図 6.7　OFDM 送信機の基本構成

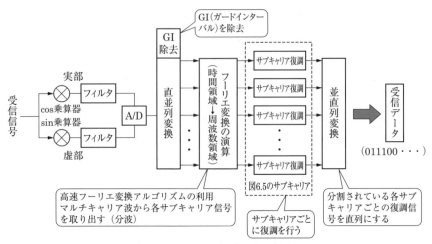

図6.8　OFDM受信機の基本構成

では**図6.8**に示すように，受信信号を**フーリエ変換**（時間軸の信号を周波数軸上の信号に変換）（付録D参照）することによって，時間軸上のマルチキャリア信号を各サブキャリア信号に分割する．そして，このサブキャリアを個々に復調し，さらにそれらを合成（並直列変換）することによって，受信データとして時間軸上の信号列を得る構成となっている．

　なお，OFDM信号では遅延波の影響を抑制するためにサブキャリア伝送とともに**ガードインターバル**と呼ばれる冗長な信号をつけて送信していることも特徴である．ガードインターバルを付与しない場合は，**図6.9**に示すように遅延波の遅延時間がそのまま干渉の時間となり誤り率を上昇させる．そこで，信号の先頭に信号の後半の部分をコピーして付加する（**図6.10**）．受信側では，有効な期間の信号のみを切り取るようにウィンドウをかけて復調を行う．これにより，遅延時間がガードインターバル期間内であれば，遅延波の干渉の影響を抑えることができる．

　当然，ガードインターバルにおける信号は冗長なデータであり，長くするほど長い遅延時間に対応できるが，伝送速度は低下することになる．ちなみに，地上ディジタルのOFDM信号でのガードインターバル長は126μs，第4世代のLTEでは5,208nsであり，遅延時間からそれぞれ37.8km，1.6kmまでのマルチパス

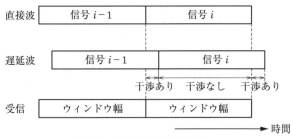

図 6.9 遅延波による干渉の発生

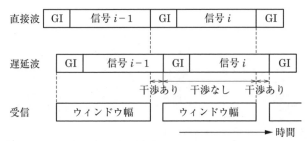

図 6.10 ガードインターバルによる効果

波を想定していると考えられる.

　ここまで述べてきたように，OFDM は 1 つのキャリアで伝送する方式に比べて個々のキャリアによる伝送速度を小さく抑えることができるので，マルチパスに強い方式となる．なお，OFDM 方式そのもののアイデアは 1970 年代にはあったが，信号を発生させるためには通常，数百から数千個のディジタル変調器が必要であり，当時の技術ではコスト，装置の大きさから実現は困難であった．FFT をはじめとしたディジタル信号処理技術と LSI 技術の進展によって，初めて現実的な装置サイズと価格で実現可能となったといえる.

6.3　MIMO

　MIMO は Multiple Input Multiple Output，すなわち「複数入力複数出力」を意味している．送受信アンテナを複数利用して複数の信号を送信し，受信側でその複数の信号を合成することによって高速化を図る方式である．これは，1 つの

周波数帯域の中に複数の伝送路を作り，信号の通り道自体を複数に増やすものと考えられ，特定の空間内で複数の信号を重畳して送信するという観点から，**空間多重**方式とみなせる．

MIMOの基本的な仕組みを図6.11に示す．送信側では送信データを分割し，それぞれ別々の送信アンテナから異なる信号を送信する．この信号を受信側の複数のアンテナで受信し，合成することによって送信データを復元する．この仕組みでは，複数の伝送路を使って並列にデータを送るのと同じような状況を作り出すことができ，利用する周波数の帯域幅は同じで，伝送速度を向上させることが可能となる．

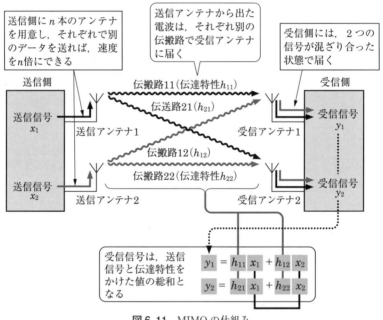

図6.11 MIMOの仕組み

MIMO技術を適用しない従来のシステムでは，複数のアンテナが分割したデータを同時に同一周波数で送信した場合，その送信波が互いに干渉して受信側では受信困難となる．したがって，同一周波数で送信する場合は，互いの送信波の影響を受けない程度まで各アンテナの距離を離して設置する必要がある．この

ように MIMO システムは，従来の考え方とともにその構成も大きく異なるものである．

　いま，送信データを送信信号ベクトル x とし，その要素をアンテナ 1，アンテナ 2 ごとに分割して x_1，x_2 とする．受信側でも同様に複数のアンテナを用意し，送信された信号を受信する．このとき，アンテナ 1 とアンテナ 2 から送信された信号が足し合わされた信号を受信することになる．この受信信号ベクトルを y とし，受信側のアンテナ 1，アンテナ 2 で受信する要素をそれぞれ y_1，y_2 とする．この構成で，受信アンテナ 1 から送信アンテナ 1 まで（伝搬路 11）の伝達特性（受信信号と送信信号の関係を示す特性）を h_{11} とし，そのほかの経路も同様に h_{12}，h_{21}，h_{22} とすると以下の式が得られる．

$$y_1 = h_{11}x_1 + h_{12}x_2$$
$$y_2 = h_{21}x_1 + h_{22}x_2 \tag{6.1}$$

すなわち，

$$\begin{bmatrix} y_1 \\ y_2 \end{bmatrix} = \begin{bmatrix} h_{11} & h_{12} \\ h_{21} & h_{22} \end{bmatrix} \begin{bmatrix} x_1 \\ x_2 \end{bmatrix} = H \begin{bmatrix} x_1 \\ x_2 \end{bmatrix} \tag{6.2}$$

と表現できる．式 (6.2) から，$x = H^{-1}y$ として送信されたデータを算出することができる．ここで，H^{-1} は行列 H の逆行列である．このとき，時々刻々と変化する伝搬路 H を求める必要があるが，これは**チャネル推定**と呼ばれる手法を用いる．

　基本的な手法は，送信側・受信側であらかじめ決められた推定用の信号を共有し，その信号を送信側が送信し，それを受信側が受けることによって伝搬路 H を推定することができる．このように求めた H を用いて，情報として送信された信号 x を推定する．

　このチャネル推定用の信号は送信データの中に挿入されるので，符号化率が低下することにはなるが，図 6.11 からもわかるように，n 個のアンテナを用いることによって基本的には n 倍の伝送速度を確保でき，飛躍的な高速化が実現できる．

　ここで，アンテナの設置位置や使用環境によっては，2 本のアンテナ間の伝搬

路の伝達特性がほとんど同じという場合も考えられる．すなわち，$h_{11} = h_{21}$，$h_{12} = h_{22}$ となるケースである．このときは，式(6.1)が1本になることからもわかるように（この場合は逆行列が求められない），高速化の効果は期待できなくなる．このため，一部の機器では送信側のアンテナは2本であるものの受信側に3本のアンテナを準備して，確実に空間多重の効果を実現できるように工夫されているものもある．

　本技術はすでにモバイル通信システムや無線 LAN で広く適用されている．なお，本技術も OFDM 技術と同様，ディジタル信号処理と LSI 技術の進展により実装可能となったものである．この MIMO 技術を用いたアクセス手法は伝搬空間を各ユーザで共有することから，**SDMA**（Space Division Multiple Access：**空間分割多元接続**）と分類する場合もある．

　以上，高速化を実現するための基本的な技術を述べたが，ほかの方法として，チャネルボンディングという技術がある．考え方は広帯域化による高速化といえる．ボンディングは"束ねる"，という意味である．例えば，Wi-Fi 4（IEEE 11n）ではチャネルボンディングとして2チャネルを束ねて40MHz の帯域幅を確保することで，2倍の高速化を実現した．Wi-Fi 5（11ac）や Wi-Fi 6（11ax）では束ねられるチャネル数を増やして80MHz や160MHz 幅でも通信可能としている．同様に，モバイル通信における第4世代システムではキャリアアグレゲーション（CA: Carrier Aggregation）という形で，20MHz の帯域を最大で5つまで束ねることで100MHz の周波数帯域を確保した．これらは高速化という側面だけではなく，周波数の異なる複数の電波を使用するため，周波数ダイバーシティの効果による通信の安定性の改善が期待できる．一方，この方法は技術的な課題の解決とともに，周波数帯域の確保，ほかの事業者との周波数調整が課題となる．

--- **章末問題** ---

1. 4QAM を基準としたとき，16QAM，64QAM，256QAM，1024QAM の各変調の伝送速度は何倍になるか示せ．

2. 16QAM 信号 $A_k \cos(\omega_c t + \omega_k)$，$k = 1, 2, \cdots, 16$ の1シンボル長 T_s が1μs であったとき，この信号のビットレート（bps）を示せ．同じく，64QAM の場合を示せ．

3. 適用変調とは何で，どのような意味をもつものなのか述べよ．

4. OFDM は低速な信号を多数確保して高速化を実現しているが，この方法がマルチパスに耐性を有することを説明せよ．

5. 16QAM と同じ信号点間距離を得るためには，256QAM のキャリア振幅は 16QAM の何倍（比および dB）必要となるか示せ．

6. OFDM 信号の 1 セグメントにおけるキャリア数が 432 本で各キャリアが 256QAM 変調されている場合，12 セグメントで伝送できる最大の伝送速度（bps）はいくらとなるか示せ．ただし，シンボル長は 1.008ms とし，誤り訂正符号などは付加されていないと仮定する．

7. MIMO 空間多重化方式では，受信信号 y を受信したとき，$H^{-1}y = x$ なる操作により送信信号 x を得る．しかし，このためにはチャネル特性 H を受信側で事前に知る必要がある．そこで，通信開始前の既知のパイロット信号 S を送信して，H の推定（チャネル推定）を行う．この方法について考察せよ．送受信アンテナが各 2 本，アンテナ 1 および 2 からのパイロット信号をそれぞれ $s^{(1)} = [s_1^{(1)} s_2^{(1)}]^T$，$s^{(2)} = [s_1^{(2)} s_2^{(2)}]^T$ として，式 (6.2) を参考にせよ．

第7章
モバイル通信システム

7.1 回線交換とパケット交換

　通信を行うためには送信側，受信側で回線を設定する必要がある．通信方式にはコネクション型と非コネクション型の2方式がある．両者の基本シーケンスを図7.1に示す．**コネクション型通信**では，まず送信側が受信側に接続要求を行い，受信側の接続応答をもって回線を確保（呼設定）してからデータを送信する．一方，**非コネクション型通信**は，通信前に通信回線の確保は行わず，呼設定なしにデータを直接受信側に送信する方式である．したがって，コネクション型通信では呼設定に時間を要するものの，呼設定後は通信回線が確保されて安定した通信が可能である．一方，非コネクション型通信では，呼設定は不要なのでその分の時間は短くなるものの，機器の故障や輻輳などネットワーク内の状態の変化によって通信回線における経路が異なる場合があるため，送信するデータの順

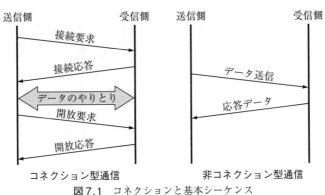

図7.1　コネクションと基本シーケンス

序が受信側で逆転する可能性がある（受信側で順序逆転を補償する）.

　IP 電話が普及する前の電話回線はコネクション型，インターネットは非コネクション型の通信である．回線交換方式はコネクション型の通信であり，インターネット普及前の公衆電話網がその代表的な例である．一方，パケット交換方式は非コネクション型の通信を指すことが多い（パケット交換でも X.25 のようなコネクション型のものがある）．それぞれの構造を**図 7.2**，**図 7.3** に示す．**回線交換**の場合，回線交換機が接続先の交換機向けの回線を選択し，各交換機間で接続を確保しながら受信側に回線を設定する．したがって，通信している間はたとえ実際に音声通信やデータ送信を行っていなくても，通信者が回線を占有していることになる．以前の電話料金が基本的に通話時間と通話者同士の距離に比例するのはこの理由による．呼設定要求が大量に発生する災害時などでは回線確保が難しくなり，いわゆるつながりにくいという状況が発生する．しかし，いったん接続されれば，低遅延で安定した回線を確保できるという特徴をもつ.

　一方，**パケット交換**は送信するデータをパケット（小包）と呼ばれる単位に小さく分割し，パケット単位で送信する方式である．**図 7.3** に示すように，パケット交換機で各送信側からのパケットの多重化と分離をして，各受信側に送る構成である．この方式では，複数の通信で 1 つの回線を共有してパケットを伝送

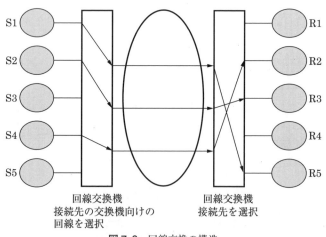

回線交換機
接続先の交換機向けの
回線を選択

回線交換機
接続先を選択

図 7.2　回線交換の構造

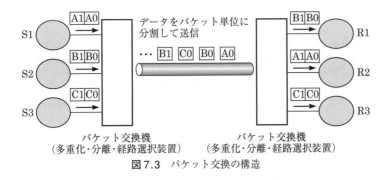

図 7.3　パケット交換の構造

する，すなわち多数のユーザが回線を共有して使用する形態となる．回線を占有する方式でないことから，通信料金は通信時間や通信距離ではなく，パケット量に依存する．この方式は回線交換と異なり，使用者数が増加した場合でも通信が困難となることは基本的にはないが，トラフィックの増大とともにパケットの衝突による再送が発生して通信の遅延が大きくなり，スループットが著しく低下する，また，単純なパケット伝送方式は回線を確保した伝送ではないので，回線の状況によってはパケットの喪失という状況も発生しうる．したがって，信頼性を確保するためにはデータの通達確認を行うなど，ほかの技術と組み合わせる必要がある．

　インターネットで使用されている方式は，非コネクション型のパケット交換方式である．前述のとおり，単純な IP（Internet Protocol）パケットの通信ではその喪失や受信の順序の逆転が発生する場合がある．このような問題に対しては，**TCP**（Transmission Control Protocol）の実装によって送信パケットに順序番号を割り振って，伝送誤りが発生したパケットや喪失したパケットの再送要求や受信パケットの並び替えを行って品質を確保している．一方，誤りの少なさよりも低遅延特性が重視される音声や映像伝送に関しては再送要求は不要であり，TCP に変えて **UDP**（User Datagram Protocol）が用いられている．

　インターネット普及当初では音声通信などのような低遅延特性が要求されるサービスに対しては，基本的に回線交換が用いられてきた．しかし，光回線を主としたブロードバンド回線の普及により広帯域回線が確保され，ネットワーク全体の容量も大きなものになって，その遅延特性も大きく向上するとともにモバイ

ル通信の高速化も実現された．第 3 世代までのモバイル通信システムでは音声通信を行うための回線交換とメールやインターネットを利用するためのパケット交換の両基盤をユーザは利用していた．現在は，音声信号を IP パケットとしてインターネット上に載せて通話を行う **VoIP**（Voice over IP）技術による電話サービスが提供されており，基本的に非コネクション型のパケット交換にネットワークサービスは移行している．

7.2　ネットワークの構成とその進展

　現在のモバイル通信システムは，モバイル端末と 2 つのネットワーク，すなわち無線**アクセスネットワーク**とパケット交換方式である**コアネットワーク**で構成される．モバイル通信ネットワークの基本構成を**図 7.4** に示す．無線アクセスネットワークは複数の基地局からなり，スマートフォンなどのユーザ端末と接続する．コアネットワークは，無線アクセスネットワークの制御やインターネットや外部の電話網との中継を行う．

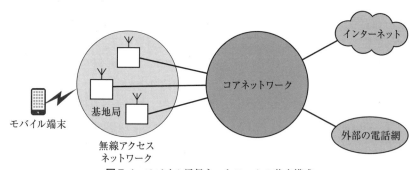

図 7.4　モバイル通信ネットワークの基本構成

　第 1 世代から第 4 世代へのモバイル通信ネットワーク構成の変遷を**図 7.5** に示す．第 1 世代では，無線アクセスネットワークに接続するコアネットワークは電話交換機などから構成され，それに接続する公衆電話網と接続して固定電話との接続が実現されていた．第 2 世代は当初第 1 世代と同様な構成であったが，コアネットワークの中にパケット交換処理を行う部分が加わった．特に，ｉモード

サービスの開始以降，ユーザからのインターネット接続，メール送受信への要求が飛躍的に高まった．そして，第3世代では電話交換機からなる回線交換ドメインとルータによって構成されるパケット交換ドメインを分離してコアネットワークを構成し，パケット交換ドメインを介してインターネットや各種サービスを提供するサーバと接続した．この世代でパケット交換の需要が飛躍的に増大し，すべてをパケット交換で行う All IP の方向性が顕著になった．第4世代では回線交換ドメインはなくなり，パケット交換ドメインのみで構成され，電話サービスも IP 上で VoLTE として提供されている．これによってネットワークの構成が単純になり，サービス事業者の管理運用上の負荷も軽減されることになった．

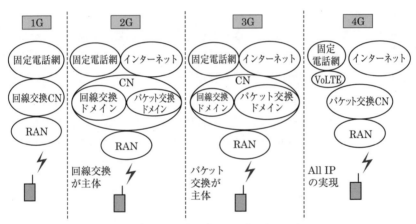

CN（Core Network）：コアネットワーク
RAN（Radio Access Network）：無線アクセスネットワーク
VoLTE（Voice over LTE）：LTEによる音声通信
図7.5 モバイル通信ネットワーク構成の変遷

その一方，トラフィックの種別によって伝送速度や遅延時間を制御するなどのサービス品質制御の機能が加わった．第1世代から第4世代までモバイル通信システムとして高速化や多機能化の方向で進化したが，これらのネットワークの基本構成，次節で述べるセルの構成やつながる仕組みは，各世代で共通している．

7.3　セルの構成とつながる仕組み

　家庭における固定電話は設置場所が決まった有線通信であるのに対して，モバイル通信を実現するためには，通信する相手の存在位置を知ることが重要である．ユーザの位置を把握することができれば，そのゾーンのみに呼び出しをかけることで通信が可能となる．

　電波の到達範囲は，送信機のアンテナ利得，出力電力と受信機の感度に依存する限られた範囲となる．また，無線周波数としてモバイル通信システムが使用できる周波数帯も限られている．このような性質や制約の中でより多数のユーザを収容する必要があり，そのために第4章で述べた多元接続方式が検討され，導入されてきた．

　ユーザがどこにいても通信ができるようにするためには，電波がいかなる場所でも受信できる必要がある．モバイル通信システムでは，多数の**セル**によって広域なサービスエリアを構成する方式が採用されている．セルとは，1つの基地局が送受信する電波の到達範囲を示している．セルの構成の概念を**図7.6**に示す．重要なことは，同一周波数による干渉の影響が回避できるように，セル間の間隔を確保することによって同一周波数帯の再利用を可能としていることである．し

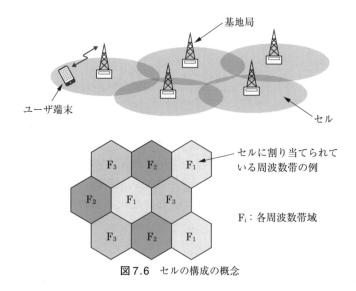

図7.6　セルの構成の概念

たがって，限られた周波数帯域でも多数のユーザを収容できる．言い換えると，電波の届かない別の基地局で同じ周波数を使うことによって全エリアをカバーしている．モバイル通信システムのサービスエリアはこのような仕組みで構成されており，セルフォン（Cell Phone）あるいはセルラー（Cellular）と呼ばれるのはこのためである．

　セルサイズを小さくするほど同一の周波数帯域を使用するセルを多くすることができるので，周波数有効利用の観点からは有利となる．しかし，基地局設置のコストも増加する．セルの大きさは，回線品質やそのセル内でのユーザ数，使用する周波数帯域などに基づいて決定される．現状では，人口密度の高い都市部では半径数百 m のセル半径，密度の低い地域では数 km の半径がとられているようである．

　このようなセル構成を採用したモバイル通信システムでは，ユーザ端末，すなわちユーザの位置管理が重要となる．ユーザ端末の位置登録と呼び出し方法を図7.7 に示す．本システムをネットワークシステムとしてみた場合，この位置管理が有線通信システムと大きく異なる点である．そのための仕組みが「**位置登録**」と「**一斉呼び出し（ページング）**」である．ユーザ端末の位置は，複数の基地局

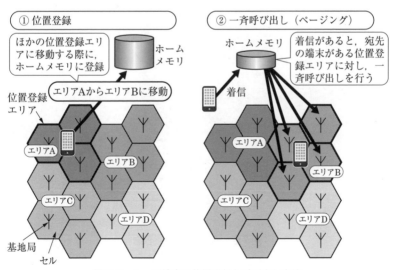

図7.7 ユーザ端末の位置登録と呼び出し方法

で構成される位置登録エリアという単位で管理されている．

　ユーザ端末は基地局が定期的に発信するページングエリア[1]情報を受信しており，端末が保持しているこの番号情報と受信する番号情報が異なるとその情報を記憶するとともにエリアが変化したと判断する．そして，それを**ホームメモリ**と呼ぶデータベースに送信することにより端末の位置情報が登録される仕組みである．モバイル端末に対して着信要求が発生すると，ホームメモリはページングエリアへ一斉呼び出し（ページング）をかける．この仕組みで，端末がどこにいても，いつでも通信を可能としている．なお通常，ページングエリアは複数のセルから構成される範囲である．

　ここで，端末が接続先の基地局を変更することを**ハンドオーバ**という．列車などの乗車移動時における通信品質確保上，このハンドオーバにおいても回線の切断がなく，スムーズに行うことが重要である．端末では，接続先の基地局との間の信号の送受信だけではなく，定期的に近くにある別の基地局からの電波状況もモニタしている．基地局でもエリア内にある端末からの電波状況をモニタし，基地局がこれらの情報を管理している．このモニタ結果から，より品質のよい回線を確保できる基地局への切り替えを行っているが，このハンドオーバ技術はモバイル通信システムの1つの重要な要素技術である．**図7.8**にその概念を示す．

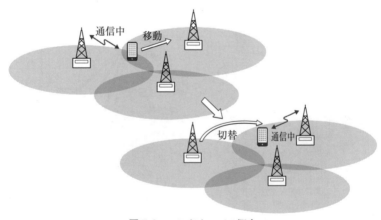

図7.8　ハンドオーバの概念

　1　呼び出し対象となるエリア（ページングエリア）は複数のセルから構成されている．

7.4　端末と基地局の構成

　本節ではモバイル端末の基本構成とその機能を示す．モバイル端末の代表的な例であるスマートフォンの基本構成を**図7.9**に示す．端末から見て送信を上り，またはアップリンク，受信を下り，またはダウンリンクと呼ぶ．なお，アンテナスイッチ，デュプレクサ（ダイプレクサ），パワーアンプ[1]（PA（Power Amplifier）），低雑音増幅器（LNA（Low Noise Amplifier））の部分は RF フロントエンドとも呼ばれる．

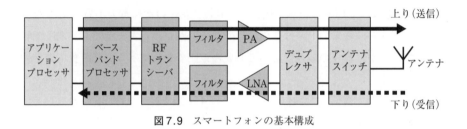

図7.9　スマートフォンの基本構成

　以下，構成要素の基本的な機能について述べる．

アプリケーションプロセッサ：OS の機能を利用して，IP パケットを構成する．スマートフォンへの機能要求から，通信とは直接関係のないグラフィック処理の負荷が大きくなっている．

ベースバンドプロセッサ：IP パケットを符号化，CRC[2]を付加し，変調するためのベースバンド信号に変換するパーツである．受信の場合は，復調されたベースバンド信号から復号，エラー訂正や再送処理などを行う．スマートフォンの機種によっては，上記の両プロセッサの機能を1つにまとめたプロセッサを実装しているものもある．

RF トランシーバ：送信機（transmitter）と受信機（receiver）を組み合わせたもの（transceiver）で，その名のとおり，両方の機能を有する要素である．

1　3章で述べた，高出力増幅器と同じものである．
2　Cyclic Redundancy Check（巡回冗長検査）の略で，データの誤りを検出するために付加する符号であり，FCS に反映される．

送信時はベースバンド信号を送信周波数の電波に載せ（変調），受信時はアンテナで受信した高周波の信号をベースバンド信号に変換（復調）する．

フィルタ：送受信の際に，不要帯域の周波数を除去する．送信時はほかのシステムへの干渉を防ぐためであり，受信時は復調の性能を確保するためである．所定の周波数帯域のみの通過を実現するために，SAW（Surface Acoustic Wave：表面弾性波）と呼ばれる電気信号を機械振動に変換するデバイスを用いる場合が多い．

アンプ：送信時は電波を所定の範囲まで伝搬させるため，受信時は復調に必要な電力を確保するための電力増幅を行う．その目的から送信側は PA，受信側は LNA と呼ばれている．なお，PA はディスプレイの次に電力消費が大きなデバイスである．従来の PA は送信信号の強さにかかわらず一定の電源電圧で駆動していたが，信号の強さに応じて必要な電圧で駆動することで消費電力を抑制している．

デュープレクサ：複信方式についてはすでに 4.1 節で述べたが，1つのアンテナを FDD で使用する場合，アンテナは周波数の異なる電波を送受信する．この送信電波と受信電波を分離するのがデュープレクサの役割である．帯域フィルタで実現される．一方，TDD の場合は，同一周波数であるためデュープレクサではなく，高周波数用のスイッチ（RF スイッチ）を使用し，送受のタイミングで切り替える．

アンテナスイッチ：アンテナは大きさなどの制約があり，多数の利用は難しい．一方，フィルタや PA などの RF デバイスは周波数帯ごとに1セット使用する構成が多い．したがって，このアンテナスイッチによってアンテナを該当する RF デバイスに接続する．高い周波数の信号を高速で切り替える必要があるため，近年は一般的なシリコン（Si）より高速に動作するガリウム・ヒ素（GaAs）が使用されている．

アンテナ：モバイルサービスが開始された当初は，ホイップアンテナと呼ばれる細長い伸縮式の棒状のアンテナが使用されていた．その後，外観や使い勝手から，きょう体の一部を利用してアンテナが実現されており，外見からはアンテナがどこにあるのか不明である．また，端末がサービスごとに異なる周波数帯域を用いて通信するため，複数のアンテナを搭載している．

　近年はスマートフォンに多くの機能をユーザがアプリとして実装する場合が多く，通信処理に加え各種ソフトウェア処理，アプリケーションプロセッサの重要性がますます高まっている．

　続いて，多数の端末からのアクセスを収容する基地局の基本構成を**図7.10**に示す．アンテナに接続した送受分波器によって送信信号と受信信号が分けられる．これは，送受信の周波数が異なることを利用したフィルタリング機能である．変復調装置は，基地局が同時に収容可能な回線数（チャネル数）分の回路から構成されている．信号多重分離装置では，接続している端末からの変調波を復調した信号を多重化する機能，および多重化された基地局側からの個々の端末への信号を分離して変復調装置へ入力する機能をもっている．信号多重分離装置があるものの，端末とは音声入出力のための音声符号化処理部やボタン操作などのヒューマンインタフェース部分をもたないこと以外は，規模や消費電力以外は基本的に同様である．送受信共用のアンテナからの信号を送受分波器によって送受信信号を分離している（FDM方式であるため）．

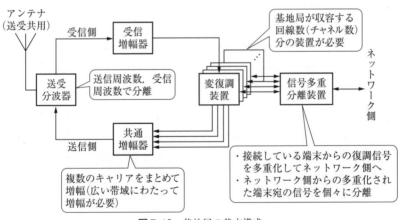

図7.10　基地局の基本構成

7.5　第5世代のシステム

　わが国では2020年から開始された第5世代のサービスは，さらなる（1）高

速・大容量，(2) 低遅延，(3) 同時多数接続を目指すものとして，(1) は第4世代の 20 倍の 20Gbps，(2) は 1/10 の 1ms，(3) は 10 倍の 100 万台/km^2 と目標設定されている[1]．今後徐々に目標に近づいていくと思われる．本節では，これらを実現するための技術の基本的な考え方を示す．

(1) 高速化

第4世代との大きな相違は1チャネルあたりの周波数帯域幅（チャネル帯域幅）であり，帯域幅の拡大により高速化を実現している．第4世代では最大 20MHz であるのに対して，第5世代では 6GHz 以下の周波数帯（Sub6 帯と呼ばれる）では最大 100MHz，ミリ波帯である 28GHz 帯では最大 400MHz である．さらに高速化のために，キャリアアグリゲーションという複数のチャネルを束ねる技術を適用している．

(2) 大容量化

大容量化のためには多数の端末との同時接続が1つの重要な要素である．このための第5世代で採用されている技術は Massive MIMO とビームフォーミングである．第4世代の MIMO ではアンテナの数が数個だったのに対して，第5世代では数十〜千個程度のアンテナ素子を使用して送信する（Massive MIMO）．

同時に，このように多くのアンテナを使用する場合，各アンテナ素子の位相を制御することで，アンテナとしてのビームの狭小化，その方向の制御が可能となり，特定の端末を狙った電波の照射が可能になる（ビームフォーミング）．このイメージを**図 7.11** に示す．第4世代以前の基地局では，同じエリアにある複数の端末が電波を共有していた．周波数や時間を分けて共有する形態である．一方，第5世代では図に示したように電波を送信する範囲を絞ったり，特定の端末に向けることが可能になり，異なる端末が同じ周波数や時間を共有できる．したがって，より多数の端末の同時接続ができる．なお，Massive MIMO によって電波をビーム状に絞って送信することでエネルギーを集中させ，従来より通信距離を向上させることも実現でき，これは特に高い周波数を使用する場合に有効である．

---

1 これらの目標値は1つのシステムとして同時に満足するものではないことに注意されたい．

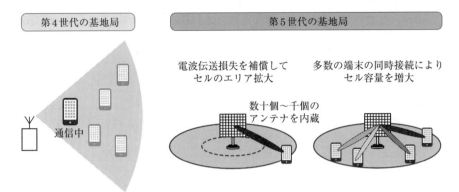

図7.11 Massive MIMO とビームフォーミング

(3) 低遅延化

遅延時間の短縮も大きな意味がある．画像を見ながらの遠隔操作などはその代表的な応用と思われる．第5世代ではサブキャリアの周波数帯域を広げることで実現している．第4世代のサブキャリア帯域 15kHz に対して，例えば 120kHz にした場合，同じデータ量であれば 1/8 の時間で伝送できることになる．また，データを送信する時間間隔も短くしている．さらに，ワイヤレス技術のみならずネットワーク側での工夫もある．これはエッジコンピューティングと呼ばれるもので，通信のための処理を端末に物理的に近いサーバで行うものである．通信をコアネットワーク側の設備ではなく，端末に近いところで折り返すことで，通信にかかる時間およびコアネットワークのトラフィックを減らすことができる．

第2世代では i-mode に代表される IP 接続サービスの開始，第3世代では画像や動画のマルチメディアの通信，第4世代ではスマートフォンがキラーコンテンツならぬキラーデバイスとして大きな発展を遂げてきた．第5世代ならではのキラーアプリケーション，キラーデバイスの出現が期待されている．

―――――――――――――――――― **章末問題** ――――――――――――――――――

1. データサイズを新聞 50MB，映画 1.2GB（B はバイト，1B = 8 ビット）としたとき，ダウンロードするのに必要な時間を各世代の通信速度を考慮して比較せよ．セッションの確立時間，そのほかの時間は無視する．第1世代：9.6

kbps，第 2 世代：64kbps，第 3 世代：14.4Mbps，第 4 世代：1.7Gbps，第 5 世代：20Gbps として求めよ．

2. 回線交換，パケット交換の利点，欠点について述べよ．

3. モバイル通信のネットワークが，ユーザ端末の位置情報を取得する仕組みを説明せよ．

4. 通話中に移動しながらでも途切れず通話できる仕組みを説明せよ．

5. 利用周波数によるセル半径，カバーエリアを確保するのに必要な基地局数とシステム帯域幅について考察せよ．

6. モバイル通信システムにおいて，初期の携帯電話からスマートフォンに至る通信速度の高速化が社会生活，ビジネスの形態に与えた寄与を考察せよ．

第8章
無線 LAN システム

8.1 無線 LAN の使用周波数

　ワイヤレス通信システムを構築する上で，周波数の割当ては最も重要な要件といえる．これは第 2 章で述べたように周波数によって電波の伝搬特性などの物理的性質が異なるため，また，利用できる周波数帯域にシステムの伝送速度が依存するためである．日本では総務省が周波数割当てなどの電波に関する政策を担当し，各通信サービス事業者は総務省から使用許可を受けた周波数帯域内でサービスを提供している．携帯電話やアナログ TV 放送からディジタル TV 放送への移行を含め，ワイヤレス通信システムの進歩は日進月歩であり，その中で各システムへの周波数割当てとその再編は大きな課題となっており，無線 LAN でも同様である．

　現在，無線 LAN には 2.4GHz と 5GHz の周波数帯が割り当てられている．2.4～2.5GHz の周波数帯は ISM（Industrial, Scientific and Medical）バンドと呼ばれ，産業，科学，医療の分野など通信システム以外にも使用が認可されている周波数帯である．通信システムとしては，この ISM バンドは短・近・長距離通信システムやアマチュア無線でも使用されている（第 10 章参照）．したがって，これらのシステムは干渉を回避するための仕組みを基本的に実装しているものの，これらを同一エリアで共存して使用する場合は，その影響があることに留意すべきである．同時に Wi-Fi は誰もがアクセスポイント（AP：Access Point）を設置して利用できるものである．設置するアクセスポイントの増大による干渉によって通信性能は大きく劣化するため，適切なアクセスポイントの設置が必要である．

　2.4GHz 帯無線 LAN と 5GHz 帯無線 LAN のチャネル割当てを**図 8.1** に示す．
2.4GHz 帯では，2,400〜2,483.5MHz の範囲内にチャネルの重なりを許容した 13
個のチャネルと，2,484MHz に中心周波数をもつチャネルの合計 14 個のチャネ
ルが利用できる．これは，ほかのシステムからの電波干渉を受けた場合，干渉を
回避するために中心周波数を移動できるようにするためである．なお，ほかのシ
ステムからの干渉がない場合は，この帯域の中に 2,484MHz を含めて 4 つのチャ
ネルを同時に配置できる．逆に，干渉なく利用できるチャネルは 4 つしかないと
もいえる．

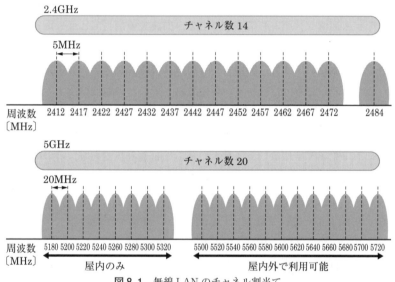

図 8.1　無線 LAN のチャネル割当て

　5GHz 帯無線 LAN では，同じ周波数帯を衛星システムや気象レーダと共用し
ているため，一部の周波数帯の利用は屋内に限定されている．また，気象レーダ
と周波数帯を共用するために，無線 LAN のアクセスポイントがレーダの電波を
感知した場合，ほかの空いている周波数に切り替えて通信を再開する機能の実装
が求められている．

8.2 無線 LAN のアクセス方式

　無線 LAN はパケット通信による通信形態であり，回線交換のように通信経路を確保してから通信を開始するというシーケンスはとらず，ランダムアクセスの範疇に入るアクセス方式を導入している．この方式は CSMA/CA（Carrier Sense Multiple Access/Collision Avoidance：衝突回避機能付キャリアセンス多元接続）と呼ばれる．その基本的動作は，通信を開始する端末はほかの端末が送信している電波を検知し（**キャリアセンス**），キャリアが確認された場合は送信を待機する．一定時間，検知を行ってキャリアが確認されない場合は，送信を開始する．すなわち，検知を行うことによってコリジョン（衝突）を回避しようとする考え方である．

　有線 LAN の場合は，送信中の端末が伝送媒体の状況をモニタして，衝突を検知した段階で送信を停止するという手法をとっている．しかし，無線 LAN では送信とキャリアセンス（受信）を同時に行うことがその構成上不可能であり（これは同一周波数を用いて時間間隔で送信受信の切り替えを行っているため（TDD 方式）（4.1 節参照）），端末が送信していないときにキャリアセンスを行っている．

　キャリアセンスによる送信の判断基準は，受信信号の電力強度（受信レベルと呼ばれる）による．受信レベルによってほかのユーザ端末がその周波数を使用中か否かを判断するが，このレベルを高く設定すると，ほかの端末が送信している状態（干渉波存在）でも信号を送信することになる．その結果，誤りの発生により再送要求が発生し，所定のスループットを確保することが難しくなる．一方，このレベルを低く設定すると，遠方からの微弱な信号に対しても反応することになり，送信の機会を減らすことになる．ちなみに，802.11a ではこれらを考慮して，そのレベル値として −62dBm が設定されている（**図 8.2**）．

　なお，モバイル通信システムや衛星通信システムなどでは，ほかのユーザ端末が遠方に存在しているため，端末が送信しているか否かの検知はできず，キャリアセンス方式は適用できない．衛星通信システムにおいて，ランダムアクセス方式でもスロット付アロハ方式などを採用して衝突確率を抑えているのはこのためである．キャリアセンス方式は，無線 LAN がある特定の狭い領域内にあるユー

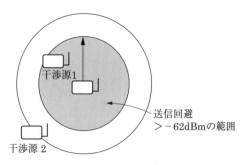

（伝搬環境やアンテナの性質により，範囲は必ずしも円形にならない）

図8.2 キャリアセンスによる送信判断

ザ端末とアクセスポイントとの通信であることから適用できる方式である．

　無線LANにおける基本的な送信手順を**図8.3**に示す．この図では，ユーザ端末Aが送信しているので，ユーザ端末B，Cはキャリアセンスによって送信を回避している．無線チャネルが未使用になった段階でフレーム間隔の時間を待って，さらに**バックオフ時間**だけキャリアセンスを行ってから送信する．ここで，バックオフ時間はランダムな時間として設定されている．**図8.3**では，端末Bのバックオフ時間が最も短く，先に送信を開始した状況を示している．図中の送信フレームとは，パケットをある単位でまとめるとともに，誤り検出の符合などを加えたものである．フレーム間隔は固定長であるが，その長さを複数定義しておき，各端末間で使い分けることで端末間の優先順を設定することもできる．当

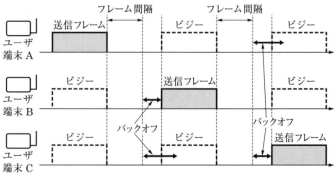

図8.3 無線LANにおける送信手順

然，この時間が短いユーザ端末ほどチャネル確保が有利となり，優先順位が高い端末となる．

このように，バックオフ制御による衝突回避の仕組みが無線LANに実装されている．このバックオフ制御では，規定の時間の範囲内（コンテンションウィンドウ（CW）と呼ぶ）で乱数を発生させることにより，各ユーザ端末の公平性を確保している．

各ユーザ端末からの送信データが増加すると，当然フレームの衝突確率は上昇し，システムとしてのスループット特性は大きく劣化する．したがって，衝突発生が増加するにともなってフレーム送信の頻度を抑えることが必要となる．このために，フレームが衝突した場合は，衝突ごとにCWの範囲を順次2倍に広げていく2進指数バックオフと呼ばれる方法がとられている．**図8.4**に示す構成をとることにより，フレーム送信の頻度を抑え，衝突確率を抑えている．

このようなCSMA/CA方式を採用する無線LANのアクセス上の問題として，**隠れ端末問題**がある．これは，端末間の距離が大きい場合や電波を透過させない障害物などの影響によって，キャリアセンスが困難な場合に発生する問題である．この問題が生じる構成の代表的な一例を**図8.5**に示す．すなわち，ユーザ端末1と端末3は障害物によって互いにキャリアセンスが不能であり（ユーザ端

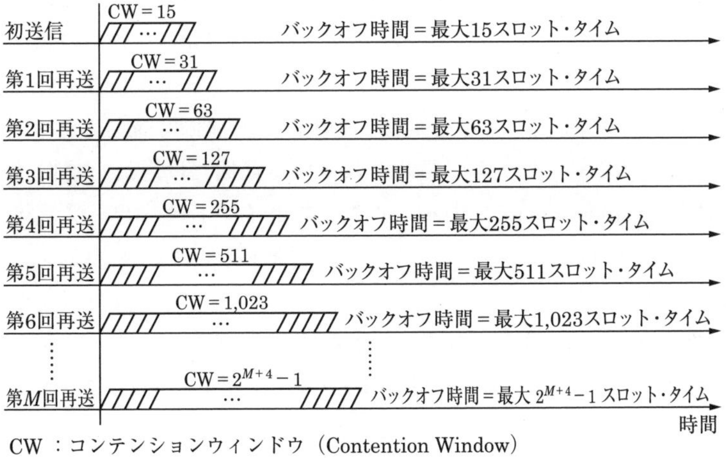

初送信	CW = 15 //// … ////	バックオフ時間 = 最大15スロット・タイム
第1回再送	CW = 31 //// … ////	バックオフ時間 = 最大31スロット・タイム
第2回再送	CW = 63 //// … ////	バックオフ時間 = 最大63スロット・タイム
第3回再送	CW = 127 //// … ////	バックオフ時間 = 最大127スロット・タイム
第4回再送	CW = 255 //// … ////	バックオフ時間 = 最大255スロット・タイム
第5回再送	CW = 511 //// … ////	バックオフ時間 = 最大511スロット・タイム
第6回再送	CW = 1,023 //// … ////	バックオフ時間 = 最大1,023スロット・タイム
第M回再送	$CW = 2^{M+4} - 1$ //// … ////	バックオフ時間 = 最大 $2^{M+4} - 1$ スロット・タイム

時間

CW：コンテンションウィンドウ（Contention Window）

図8.4 衝突確率低減の方法

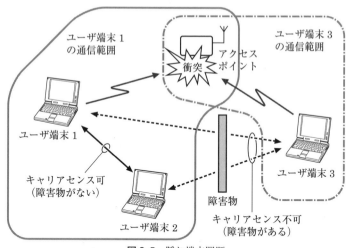

図8.5 隠れ端末問題

末2と端末3も同様である), このため衝突確率が高くなり, スループット特性が劣化することになる.

　この問題に対する解決方法の基本的な考え方を**図8.6**に示す. ユーザ端末1は, データフレーム送信前にフレーム間隔＋バックオフ時間のキャリアセンス後, 送信要求 (RTS: Request To Send) をアクセスポイントに送信する. このとき, 端末1と端末2は互いにキャリアセンスできる状態にあるため, 端末1のRTSフレームを端末2は受信できる. 一方, 端末3は端末1からの隠れ端末であるため, このフレームの受信はできない. RTS, CTS (Clear To Send: 受信準備完了) フレームには, 無線周波数を使用する予定期間が記録されている. 端末2は, このRTSパケットに記載されている期間だけ送信を禁止 (NAV: Network Allocation Vector) する. アクセスポイントは, RTS受信後, 短フレーム間隔と呼ばれる一定時間を空けて, 端末1あてにCTSを返す. このとき, 端末3はアクセスポイントからの信号であるので, この信号の受信が可能であり, CTSフレームに記載されている期間だけ送信を禁止する. CTSを受信した端末1は, データフレームを送信する. アクセスポイントは, データフレームを受信した後, ACKフレームを返すことによって通信を完了する.

　上記のように, ユーザ端末1と端末3は直接的には互いの存在を認識できない

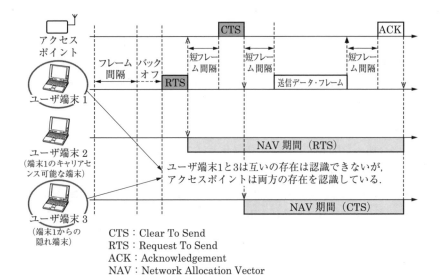

CTS：Clear To Send
RTS：Request To Send
ACK：Acknowledgement
NAV：Network Allocation Vector

図8.6 隠れ端末問題の解決方法

が，アクセスポイントを介して間接的に認識できることを利用して衝突を回避している．

8.3 セキュリティの基本技術

　無線LANシステムでは，セキュリティの確保が強く要求されている．これは，LANに接続された端末は有線・無線での接続にかかわらず，サブネット内に流れるすべてのパケットをモニタリングできるという，LANの本質的な問題によるためである．有線LANの場合は，パケットをモニタするためにはハブに接続する必要があり，不審者や不正端末の存在を容易に発見できる．しかし無線LANシステムの場合は，電波が届く範囲であれば，（こっそりと隠れて）どこからでもパケットの受信が可能であり，この意味で盗聴の可能性が高くなる．

　スマートフォンには **SIM**（Subscriber Identity Module）と呼ばれる加入者を識別・認証することができるチップが内蔵され，スマートフォンが個々にサービス提供事業者によって管理されている．したがってスマートフォンのパケットの傍受は，基本的に同一のSIM内蔵端末を作らない限り困難である[1]．また，利用

形態の観点からみると無線 LAN ではオフィス内等でのビジネス情報が多いと考えられる．情報としての価値も，セキュリティ確保，傍受回避の検討の観点から重要な要素である．

以下，無線 LAN で適用されているセキュリティ確保の手法を述べる前に，セキュリティの基本技術について説明を加える．

(1) 暗号

暗号の仕組みを**図 8.7** に示す．**暗号化**とは，暗号化鍵 K_e というパラメータを用いてデータを変換し，第三者に解読されないようにすることである．平文（「ひらぶん」と読む）と**暗号化鍵**により暗号文が生成され，**復号化鍵**と暗号文により平文が復元される．暗号は基本的に共通鍵（秘密鍵）暗号と公開鍵暗号に大別できる．

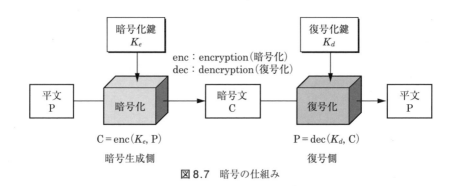

図 8.7　暗号の仕組み

共通鍵暗号方式は，暗号生成側と復号側で**共通鍵（秘密鍵）**を共有し，それを用いて暗号化，復号化するものである．この場合，複数の相手と同じ共通の鍵で通信すると，暗号データが別の通信相手に漏れた場合，すべての内容が解読されることになる．これを防ぐためには通信する相手ごとに鍵を用意する必要があり，これが大きな負担となる．共通鍵の構成と利用を**図 8.8** に示す．共通鍵暗号方式は，主としてデータの秘匿に使用されている．

一方，**公開鍵暗号方式**は，暗号化と復号化の 2 つの鍵を用意し，暗号化鍵を公

1　スマートフォンがキャリア回線に接続しているという条件下である．無線 LAN 端末として使用している場合には当てはまらない．

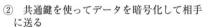

① あらかじめ暗号を送りたい相手になんらかの方法（直接手渡すなど）で共通鍵を渡しておく

Aさん

② 共通鍵を使ってデータを暗号化して相手に送る

Bさん

③ 暗号データを受け取った受信者は，共通鍵を使ってデータを復号

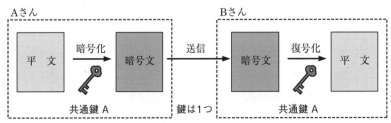

図 8.8　共通鍵の構成とその利用

開できる（暗号化鍵から復号化鍵を知ることができない）ことを利用した暗号化方式である．その鍵は 2 つ存在する．すなわち，自分だけが知っている**秘密鍵**と広く相手側に教える**公開鍵**である．運用上は，相手の公開鍵で暗号化して送信し，受信者（相手）はその秘密鍵で復号する仕組みである．したがって，秘密鍵の管理が必要ではあるものの，相手ごとの鍵の準備は不要であり，また，公開鍵は秘密にする必要はない．その構成と利用方法を**図 8.9** に示す．

　この暗号はデータの秘匿にも適用されるが，**電子署名**（データを作成したのがその人本人であるという証明）にも使われている．送信者が自分だけがもつ暗号鍵で処理して送信し，受信者は送信者の公開鍵を使って復号することにより，復号が正常にできればそのデータはその公開鍵のもち主からの送信と断定できる．その結果，**なりすまし**や**否認**を防ぐことができる．2 つの暗号化方式について，**表 8.1** に整理する．

(2) ハッシュ関数

　ハッシュ関数とは，任意のデータ長の入力（メッセージ）を一定長のハッシュ値へ圧縮変換するものである．メッセージからハッシュ値を求めることは簡単だが，ハッシュ値からもとのメッセージを求めることは困難であるという性質が安全性の根拠となっている（**図 8.10**）．しかし，ハッシュ値はデータ圧縮している

① 受信者は公開鍵を作成し，公開する
（メールなどで相手に直接送ってもよい）

Aさん

② 公開鍵でデータを暗号化して相手に送る

Bさん

③ 暗号データを受け取った受信者は，自分だけがもつ秘密鍵を使ってデータを復号

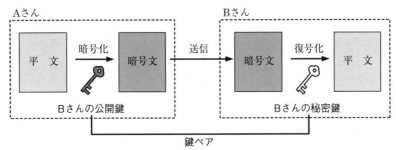

図8.9　公開鍵の構成とその利用

表8.1　暗号方式の比較

共通鍵暗号方式	公開鍵暗号方式
暗号化鍵と復号化鍵は共通：$K_e = K_d$ したがって，鍵共有（鍵配送）が必要	暗号化鍵と復号化鍵が異なる：$K_e \neq K_d$ K_e から K_d は推定困難
暗号化鍵と復号化鍵はともに秘密	暗号化鍵は公開．復号化鍵は秘密
処理は一般に公開鍵暗号方式より高速 即座にデータを復号したい用途で暗号 通信する場合	処理は遅い
n 人のとき $n(n-1)$ 個の鍵が必要	n 人のとき $2n$ 個の鍵が必要

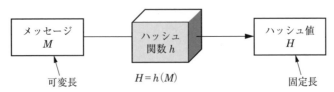

メッセージ M ── ハッシュ関数 h ── ハッシュ値 H

可変長　　　$H = h(M)$　　　固定長

① 任意のデータ長のメッセージ M を一定長のハッシュ値 H に変換する
② メッセージからハッシュ値を求めることは簡単だが，ハッシュ値からもとのメッセージを求めることは困難な性質をもつ

図8.10　ハッシュ関数

ので，同じ出力を与える入力は多数存在する．そこで，安全性はハッシュ値の衝
突を探す計算量で評価される．

　ハッシュ関数の利用目的の1つに，**改ざん**の有無の検出がある．これは，改ざ
ん前の文章から作ったハッシュ値と改ざん後の文章のハッシュ値が異なることを
利用する．すなわち，データとともにそのハッシュ値を送ることにより，改ざん
の有無の検出が可能である．

　ほかの利用として，ユーザ認証（**チャレンジ＆レスポンス認証**（CHAP：
Challenge Handshake Authentication Protocol））がある．そのシーケンスを**図
8.11** に示す．ユーザ端末側の認証要求に，サーバはチャレンジ（乱数値）を送
信する．端末側では，この乱数とユーザ名，パスワードからハッシュ値を計算し
て，サーバに送信する．サーバは，自分が同様の計算をした結果とそのハッシュ
値を比較し，一致していれば認証成立と判断する．これは，端末側とサーバ側で
同一のハッシュ関数をもっていることで可能となる．この方式は，CHAP とし
てユーザ端末とプロバイダのアクセスサーバ間の接続などに用いられており，パ
スワード情報がネットワーク上を流れないという意味でセキュリティ確保の観点
からも優れた方式である．

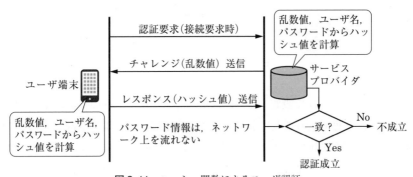

図8.11　ハッシュ関数によるユーザ認証

8.4　無線 LAN のセキュリティ

　無線 LAN のセキュリティ対策として，盗聴防止のための暗号化，改ざん検

出，不正アクセス防止のための認証がある．本節ではこれらの主要技術を取り上げる．その前に無線LAN初期の段階から現在も使用されている不正アクセスを防ぐSSIDの隠ぺい（ステルス機能）とMACアドレスフィルタリングについて述べる．

(1) 不正アクセスを防ぐ技術

アクセスポイントの識別番号である**SSID**（Service Set IDentifier）をユーザ端末に向けて送信しない技術として，**SSID隠ぺい機能**（ステルスSSIDと呼ぶこともある）がある．その構成を**図8.12**に示す．

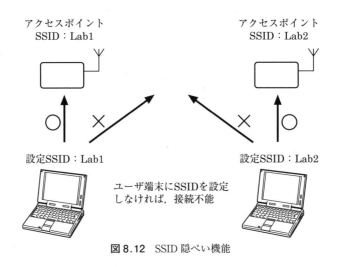

図8.12　SSID隠ぺい機能

ユーザ端末にSSIDを設定しなければアクセスポイントへの接続はできないので，このIDを秘匿することによって接続可能な端末を制限できる．アクセス可能なユーザ端末を制限するほかの方法として，**MACアドレスフィルタリング**がある（**図8.13**）．この機能は，アクセスポイントに登録されたMACアドレス[1]をもつユーザ端末のみの接続を可能とするものである．したがって，端末を変えた場合，MACアドレスをアクセスポイントに再登録をする必要がある．SSIDもMACアドレスも暗号化されていないため，これらは通信している端末を盗聴

1　MACアドレスを変化させる「ランダム化」と呼ばれる機能が一部で実装されつつあり，その場合はこの方法の適用は困難である．

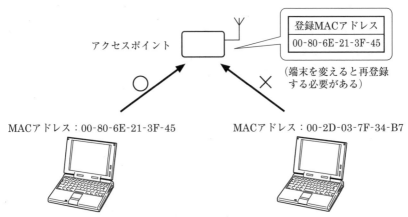

図8.13 MAC アドレスフィルタリング

することで得られる情報であり，セキュリティ対策としては不十分である．

(2) 盗聴・改ざん防止のための技術

無線 LAN のセキュリティ規格の変遷を**表8.2**に示す．当初は盗聴防止のための無線 LAN の暗号化方式として，**図8.14**に示す **WEP**（Wired Equivalent Privacy）と呼ばれる方式が採用されていた．WEP は，暗号化鍵 40 ビットと初期化ベクトル 24 ビットの合計 64 ビットをシード[1]として，暗号化関数によって暗号化して送信する．

表8.2 無線 LAN のセキュリティ規格の変遷

	WEP	WPA	WPA2	WPA3
導入時期	1997 年	2002 年	2004 年	2018 年
認証方法	同一 SSID 内の端末で同一の WEP キーを共有	同一の SSID 内の端末で同一の事前共有鍵（PSK）を共有する「パーソナル」と，IEEE802.1X 認証サーバから端末ごとに個別のキーを配布する「エンタープライズ」の 2 つのモード		
暗号化方式	WEP	TKIP	CCMP	CCMP
暗号化アルゴリズム	RC4	RC4	AES	AES/CNSA
鍵長	40 ビット	104 ビット	128 ビット	128/192 ビット
現時点の安全性	×	×	○	◎

1　乱数を生成するためのデータシードが同じであれば，得られる乱数も毎回同じになる．

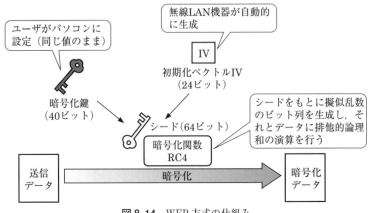

図 8.14 WEP 方式の仕組み

　暗号鍵が変化しない同じ値であることや，鍵長が短いことから暗号が解読され
やすい．また，アクセスポイント配下の全端末で同一の鍵を用いるため，一度解
読されると全端末の通信が盗聴される危険性もあるという問題があった．さら
に，改ざんを検出する機能がない，ユーザを認証する機能が含まれていない，と
いう課題もあった．本方式は 2003 年ごろに解読方法が公表されて現在は使われ
ていない．

　これに対して，①新たな暗号化手法（**TKIP**：Temporal Key Integrity Protocol）
の採用，②改ざん検出用データの追加，さらに③認証技術（IEEE802.1X）を用
いる **WPA**（Wi-Fi Protected Access）方式が提案された．TKIP による暗号化
の仕組みを**図 8.15** に示す．初期化ベクトルを 48 ビットとして長くとるととも
に，1 パケットごとにこのベクトルを変えること，シードを 128 ビットとするこ
とによって，暗号解読を困難としている．WPA 方式では改ざん検出のために，
送信パケットの中に MIC（Message Integrity Check）として送信データのハッ
シュ値を挿入している．WEP とのフレーム構成の相違を**図 8.16** に示す．

　暗 号 化 関 数 と し て **RC4**（Rivest's Cipher4）よ り も よ り 強 固 な **AES**
（Advanced Encryption Standard）と呼ばれるブロック暗号アルゴリズムを採用
する方法もあり，これが TKIP の次のバージョンとなった．

　WPA では TKIP の採用により安全性が飛躍的に向上したものの，WPA にお
いても限定的に解読されることが明らかになった．WPA2 では AES を採用する

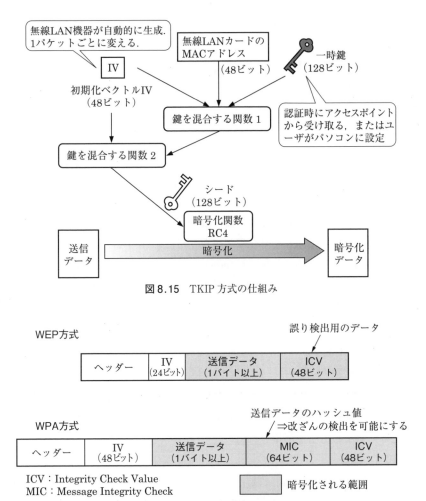

図8.15 TKIP 方式の仕組み

WEP方式

誤り検出用のデータ

ヘッダー	IV (24ビット)	送信データ (1バイト以上)	ICV (48ビット)

WPA方式

送信データのハッシュ値
⇒改ざんの検出を可能にする

ヘッダー	IV (48ビット)	送信データ (1バイト以上)	MIC (64ビット)	ICV (48ビット)

ICV：Integrity Check Value
MIC：Message Integrity Check

暗号化される範囲

図8.16 フレーム構成の相違

とともに，CCMP（Counter mode with Cipher-block chaining Message authentication code Protocol）と呼ばれる暗号プロトコルを組み合わせてセキュリティを高めている．**WPA2** による暗号化と改ざん検出の仕組みを**図 8.17** に示す．データを特定の長さのブロックに区切り AES で暗号化する．この暗号化データと次のブロックのデータの排他的論理和を AES で暗号化する．この処理を繰り返して最後に得られた暗号化データのブロックを用いて改ざんの有無を検出する．改ざん

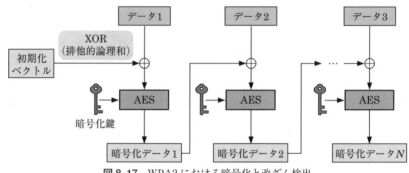

図8.17 WPA2における暗号化と改ざん検出

があった場合は，このブロックが一致しないことを利用する．この方法では暗号化処理と改ざん検出を同じ暗号化鍵で実現するため処理速度が速い．

WPA3ではさらにSAE（Simultaneous Authentication of Equals）と呼ばれる暗号化鍵を作り，やりとりしているデータが漏洩しても，その情報だけでは暗号化鍵は算出できない仕組みを導入して，より安全性を高めている．また，米国国家安全保障局が定めた暗号基準のCNSA（Commercial National Security Algorithms）をオプションとして追加している．

(3) ユーザ認証技術

無線LANのセキュリティを高めるためには，暗号化とともにユーザ認証が不可欠である．前述の不正アクセスを防ぐ方法では書き換えやなりすましが可能であるため，以下の方法が活用されている．

① 802.1X認証

WPA/WPA2の認証方式には，パーソナルモードであるPSK（Pre-Shared Key）とエンタープライズモードである802.1Xがある．パーソナルモードは，事前共有鍵（PSK）による認証方式である．端末とアクセスポイントに対して事前に共通のパスフレーズ[1]を設定しておき，このパスフレーズを用いて暗号化や改ざん検出で用いる鍵を生成して端末とアクセスポイントを認証する方式である．

一方，エンタープライズモードはIEEE 802.1Xプロトコルを使用する認証方

1　通常のパスワードが8文字前後であるのに対して，パスフレーズは単語を組み合わせた10文字以上の文字列で構成されることが多い．

式である．その基本構成を**図 8.18** に示す．認証サーバは認証用の鍵と鍵配送用の鍵を一元管理し，接続ごとに異なる鍵を配送する．ユーザがどこのアクセスポイントからでも認証サーバを参照できれば，鍵の事前設定の必要がない．アクセスポイントを介してユーザ端末からの認証情報が認証（**RADUIS**(Remote Authentication Dial-In User Service)）サーバに転送され，その情報によって認証を行う．この構成では認証に成功後，サーバから端末に無線 LAN 区間の暗号化に使用する暗号化鍵の情報が送られる．このとき，認証ごとに異なる情報が割り当てられる．このような構成では，ユーザ端末側からはアクセスポイントが認証サーバとして働いているようにみえ，移動先でも接続作業を複雑にすることなく，セキュリティを確保することができる．また，端末やアクセスポイントの台数が多くても認証サーバ側ですべての認証を行うため，大規模な環境での適応性も高い．

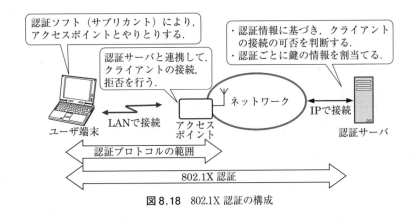

図 8.18 802.1X 認証の構成

② Web 認証

無線 LAN ホットスポットでよく利用されている認証方式である Web 認証を**図 8.19** に示す．ユーザが Web ブラウザを使い，ユーザ名とパスワードを入力して認証を行う方式である．アクセスポイントにオープンな SSID を設定し，そこへ接続を試みる端末はすべて接続可能である．接続後，ブラウザ上で認証するためのページへとリダイレクト（自動的にページを別のページに転送すること）される．

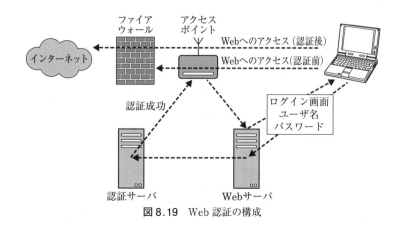

図 8.19　Web 認証の構成

　このリダイレクトされたページで，ユーザ ID，パスワードなどで認証を完了するとインターネット接続が可能となる．認証ページはポータルサイトとして自由に制作できることを利用して，ユーザ登録を行わせる，広告を出すなど，無線 LAN 接続環境提供者はその効果が期待できる．

8.5　無線 LAN の技術の進展

　Wi-Fi 5 から Wi-Fi 6 への移行における高速化，収容効率向上の観点から特徴的な点について述べる．高速化の方法として，Wi-Fi 5 では変調方式として 256QAM までであったが，Wi-Fi 6 では 1024QAM まで使用可能としている．**図 8.20** に示すように，256QAM では 1 シンボル時間で 8 ビット（$2^8 = 256$），1024QAM では 10 ビット（（$2^{10} = 1,024$）送信できる．よって，1.25 倍の伝送速度向上が可能である．ちなみに，多値 QAM の基本は，数十年前に固定マイクロ波通信で研究開発された技術である．アンテナなどを含めた装置の小型化，低消費電力の条件，かつマルチパスフェージングの影響が大きい環境下で実現している点に技術的な大きな発展がある．

　MIMO は Wi-Fi 4 から使用されているが，**MU**（Multi User）**-MIMO** は Wi-Fi 5 から採用されている．**SU**（Single User）**-MIMO** と MU-MIMO の相違を**図 8.21** に示す．SU-MIMO はアクセスポイントと端末間の通信は 1 対 1 であ

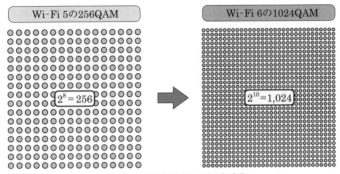

図 8.20　1024QAM による高速化

(1) シングルユーザ MIMO（SU-MIMO）

(2) マルチユーザ MIMO（MU-MIMO）
図 8.21　SU-MIMO と MU-MIMO の相違

る（端末が複数の場合は通信先を切り替え）のに対して，MU-MIMO は 1 対多の通信方式であり，複数の端末でも通信速度の低下を防ぐことができる．さらに，アクセスポイント側は端末の物理的な位置を特定して，ビームフォーミングによって端末方向を狙って電波を照射することで，同一チャネルでの電波干渉を回避している．

　MIMO はモバイル通信システムでも Massive MIMO として使用されている

が，MU-MIMO との比較を**図8.22**に示す．MU-MIMO ではアンテナとしては
2 本から 8 本程度であり，主として電波干渉を抑制して高い通信速度を実現する
ものである．一方，Massive MIMO は多数のアンテナ素子（数十〜千個）を用
いることで，狭いアンテナビームを形成し，多数の端末の接続を確保および，セ
ルの範囲の拡大を目指すものである．

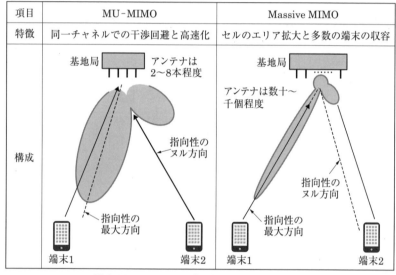

項目	MU-MIMO	Massive MIMO
特徴	同一チャネルでの干渉回避と高速化	セルのエリア拡大と多数の端末の収容
構成		

図8.22　MU-MIMO と Massive MIMO の比較

　最も構成が単純なユーザ端末が 2 つの場合で MU-MIMO の原理を説明する．
MU-MIMO の構成を**図8.23**に示す．アクセスポイントから端末 1 と端末 2 の
別々のデータを送信する場合を考える．図に示したように，送信アンテナは 4
本，受信端末側は，それぞれ 2 本のアンテナをもつとする．この場合，式(6.2)
と同様に，伝搬路行列 H の要素を h_{ij}，送信データを x_i'，受信データを y_i とす
ると以下の式が成り立つ．簡単のためにノイズの影響はここでは考慮しない．

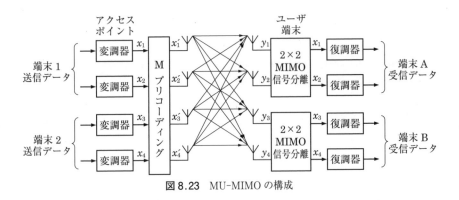

図 8.23 MU-MIMO の構成

$$
\begin{bmatrix} y_1 \\ y_2 \\ y_3 \\ y_4 \end{bmatrix} = \begin{bmatrix} h_{11} & h_{12} & h_{13} & h_{14} \\ h_{21} & h_{22} & h_{23} & h_{24} \\ h_{31} & h_{32} & h_{33} & h_{34} \\ h_{41} & h_{42} & h_{43} & h_{44} \end{bmatrix} \begin{bmatrix} x_1' \\ x_2' \\ x_3' \\ x_4' \end{bmatrix} \tag{8.1}
$$

これを以下と記述する.

$$
\boldsymbol{y} = \boldsymbol{Hx'} \tag{8.2}
$$

ここで, 送信信号 $\boldsymbol{x'}$ は, 本来の送信信号 $\boldsymbol{x}$ がプリコーディングされた信号である. すなわち, プリコーディング行列を $\boldsymbol{M}$ としたとき

$$
\boldsymbol{x'} = \boldsymbol{Mx} \tag{8.3}
$$

である. プリコーディングとは伝搬路間, 端末間で干渉が生じないように送信側において行う処理であり, この処理を考慮すると式(8.2)は以下で記述できる.

$$
\boldsymbol{y} = \boldsymbol{HMx} = \boldsymbol{H'x} \tag{8.4}
$$

ここでプリコーディング行列 $\boldsymbol{M}$ は, 伝搬路行列 $\boldsymbol{H}$ をブロック対角化するように作られる. すなわち, 結果として以下の式となる.

$$
\begin{bmatrix} y_1 \\ y_2 \\ y_3 \\ y_4 \end{bmatrix} = \begin{bmatrix} h_{11}' & h_{21}' & 0 & 0 \\ h_{21}' & h_{22}' & 0 & 0 \\ 0 & 0 & h_{33}' & h_{34}' \\ 0 & 0 & h_{43}' & h_{44}' \end{bmatrix} \begin{bmatrix} x_1 \\ x_2 \\ x_3 \\ x_4 \end{bmatrix} \tag{8.5}
$$

　この式から明らかなように，端末1の送信信号 $(x_1,\ x_2)$ は，端末 A の受信信号 $(y_1,\ y_2)$，端末2の送信データ $(x_3,\ x_4)$ は，端末 B の受信データ $(y_3,\ y_4)$ として受信される．つまり，端末 A と端末 B は自分あての信号のみ受信することになる．言い換えると，端末 A と端末 B の間に伝搬路干渉がないことになる．

　プリコーディング行列 **M** を求めるためには，**伝搬路行列 H** が既知である必要がある．これは6.3節でも述べたが，推定用のパイロット信号を用いてチャネル推定を行う．なお，物理的にはプリコーディングとは，アンテナの振幅，位相を適切に制御したビームフォーミングによって，図8.23の端末 A と端末 B の送信信号の干渉が生じないようにアンテナパターンを形成することになる．

　以上，無線 LAN の技術的な進展を述べたが，Wi-Fi 6 もほかの方式と同様，過去の規格との下位互換性を確保している．その効果を確実に得るためには，アクセスポイント，端末ともに Wi-Fi 6 に対応する必要がある．下位互換性を確保するために，伝送フレームの先頭は過去の規格と共存するための部分，その後利用する無線 LAN の規格を判定する部分などがあり，その後データが続くフォーマットとなっている．

--------------------- **章末問題** ---------------------

1. 代表的な暗号方式の説明について，下記の空欄を埋めよ．
   暗号方式には，平文を暗号化して暗号文にするための(a)と，逆に暗号文を復号化して平文に戻すための(b)がある．この2つの鍵が同じである(c)と両者が異なる(d)がある．暗号強度の観点では(e)が(f)より優れている．

2. 無線 LAN において(1)不正アクセスを防ぐため，(2)盗聴防止，(3)ユーザ認証のために用いている技術を述べよ．

3. 2GHz 帯の無線 LAN は ISM バンドと呼ばれる周波数を使用するためほかのシステムと干渉する場合がある．具体的に干渉する可能性のあるものを示

せ.

4. かつて使用されていた WEP（Wired Equivalent Privacy）は，全く効果がない技術になった. この理由を考察せよ. そして，その後継技術との相違点を比較して説明せよ.

5. 速度測定サイトに接続して，無線 LAN，モバイル通信の通信速度を調べよ. また ping コマンドで遅延測定も行い，スマートフォンの設定として，第 4 世代と第 5 世代の切り替えができるのであれば，それも行ってそれぞれの相違を調べよ.

第9章
衛星通信システム

9.1　システムの原理と特徴

　人工衛星の基本原理は，地球の引力と地球を中心とした衛星の回転運動による遠心力が釣り合い，その軌道が保持されることを利用するものである．衛星の軌道と作用する力を**図9.1**に示す．衛星に作用する力は，地球の引力を F_g，遠心力を F_c とすると，それぞれ以下の式で表される．

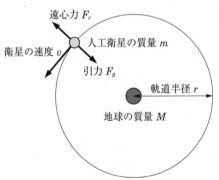

遠心力 F_c

衛星の速度 v

人工衛星の質量 m

引力 F_g

軌道半径 r

地球の質量 M

図9.1　衛星の軌道と作用する力

$$F_g = G\frac{Mm}{r^2} \tag{9.1}$$

$$F_c = m\frac{v^2}{r} \tag{9.2}$$

ここで，M は地球の質量（5.9724×10^{24}〔kg〕），G は万有引力定数

$(6.6743 \times 10^{-11} [\mathrm{m^3 kg^{-1} s^{-2}}])$，$m$ は人工衛星の質量である．これらの式から，遠心力 = 引力 となる速度 v と軌道半径 r の関係式が求められる．

$$v = \sqrt{G\frac{M}{r}} \qquad (9.3)$$

この式から，地球の周りを1周するに要する時間は，以下で求められる．

$$T = \frac{2\pi r}{v} = \frac{2\pi\sqrt{r^3}}{\sqrt{GM}} \qquad (9.4)$$

地球の自転周期は 23 時間 56 分 04 秒であるので，式(9.4) の T にこの値を代入した r の値が静止衛星の軌道半径（約 42,165km）となる．地球の半径を考慮した衛星の高度は，約 35,787km となる．

衛星の**静止軌道**への投入シーケンスを**図9.2**に示す．ロケットによってパーキング軌道を経て，トランスファー軌道まで衛星は引き上げられる．この軌道の遠地点（アポジ）で衛星のアポジエンジンを噴射することによって，ドリフト軌道と呼ばれるほぼ静止軌道に等しい軌道に投入される．その後，数週間を要して所定の経度上に留まる静止軌道へと軌道調整される．

地球の引力と衛星の遠心力の釣り合いで軌道が決定されることからもわかるように，原理的には任意の軌道に衛星を配置できるが，衛星軌道は，静止軌道を含

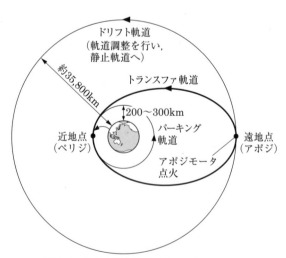

図9.2 衛星の静止軌道投入へのシーケンス

めて以下の4つの軌道に分類できる（**図9.3**）.

静止軌道（GEO：GEostationary Obit）

中軌道（MEO：Medium Earth Orbit）

低軌道（LEO：Low Earth Orbit）

超楕円軌道（HEO：Highly Elliptical Orbit）

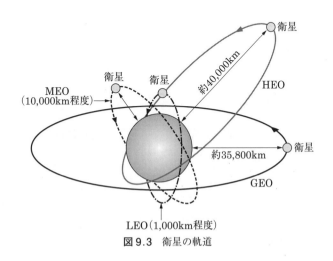

図9.3 衛星の軌道

　この軌道の種類によって，衛星通信システムとしての特徴が決まる．基本的に衛星通信システムは，その衛星の軌道の高度から，1つの衛星により電波が照射できるカバレッジエリア（地表面の範囲）が広いために同報性に優れているといえる．また，地上災害に強いという特徴がある．地球局装置を設置するだけで通信回線が確保できるので，いったん衛星が打ち上げられると地球局の設置によって容易に任意の場所に回線を確保できる．このため，地震時などの地上災害時における臨時回線確保に寄与している．

　静止軌道は，特に遅延が大きくなるものの（衛星と地球局間を往復するのに約1/4秒かかる）カバレッジエリアが大きく，通信システムとしての応用とともに放送システムとしての利用に適した軌道である．一方で，衛星と地球局間の距離が大きいため伝搬損失が大きくなる．したがって，電波の受信レベルが低くなり，高感度の受信機，高出力の増幅器，大型なパラボラアンテナが必要となる．

ちなみに，静止衛星による通信は『2001年宇宙の旅』で著名なSF作家のアーサー・C・クラークが1945年に発表した概念である．

　低軌道では電波の伝搬時間による遅延は小さくなるが，カバレッジエリアは小さくなる．したがって，多数の衛星を打ち上げる必要がある．**イリジウムシステム**は66個の衛星（当初は77個の衛星が計画されていた．元素番号77の要素がイリジウムであることからこの名前がつけられた）によって極域を含めた全世界をもれなくカバーするシステムであり，究極の「いつでもどこでも通信」を実現している．

9.2　システムの基本構成

　衛星通信の仕組みと基本構成を**図9.4**に示す．構成要素は，衛星（衛星局という場合もある）と地球局に大別される．通信システムとしてみた衛星の主たる機能は，地球局からの信号を受信し，増幅して地球局に送信するという中継機能である．このとき，衛星内部で受信信号を周波数変換して送信信号としている．

　ここで中継方式として，衛星内部で受信した信号をいったん復調し，再度変調して送信する**再生中継方式**と，変復調を行わず単純に増幅と周波数変換を行う**非再生中継方式**（ベントパイプ方式）がある．通信性能確保の観点では再生中継方式のほうが有利であるが，衛星に変復調装置を搭載した場合，地球局の装置がそ

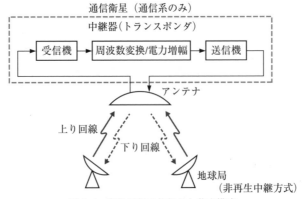

図9.4　衛星通信の仕組みと基本構成

れに合わせた方式である必要がある．衛星の寿命（静止衛星の場合は，ほぼ10年以上）を考慮した場合，再生中継方式では，地上システムの発展，変更に柔軟に対応できない可能性があり，現状では非再生中継方式が主流となっている．

　通信衛星の概観の一例を図9.5に，通信衛星を構成するサブシステムを図9.6に示す．通信衛星は，通信システムとしての役割（ミッション）を実現するための**ミッション機器**と，**バス機器**（ミッションを実現するための電力供給，衛星の姿勢，軌道位置を確保するための衛星本体の機器類）に二分される．バス機器は基本的にどの衛星でも必要な機器類であり，衛星の大きさ，形状に影響はされるものの，可能な限り共通化することによって衛星バスシステムとしての汎用化，低コスト化を図っている．一方，ミッション機器については，通信システムとして要求される性能に応じてアンテナなどを中心に再設計されることが多い．

　姿勢制御系は，アンテナの指向方向を確保するために衛星本体の姿勢精度を維持するためのサブシステムである．衛星本体を回転させることによる**ジャイロ剛性**（回転する物体がその回転軸の向きを常に一定の方向に保持しようとする性質）の効果によって衛星の姿勢の安定性を確保する**スピン安定化方式**と，衛星構

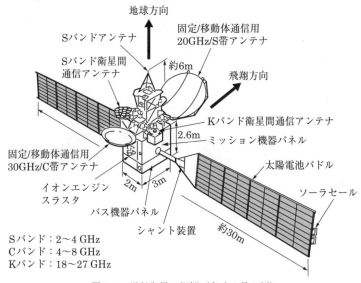

図9.5 通信衛星の概観（きく6号の例）

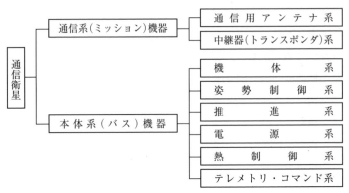

図9.6　通信衛星を構成するサブシステム

体を直方体の形状にする**三軸安定化方式**がある．スピン方式では，アンテナを常に地球方向に指向させるために，本体の回転と逆の回転をアンテナに与えている．

　三軸安定化方式では衛星の構体を構成するパネル面が平らであり，ミッション機器の搭載がスピン安定化方式に比べて容易である．各方式を**図9.7**と**図9.8**に示す．三軸安定化方式では角速度を検出するジャイロセンサや地球からの赤外線を参照することにより姿勢誤差を検出し，ロール，ピッチ軸周りに0.05deg,ヨー軸周りに0.15deg程度の高い姿勢精度を実現している．

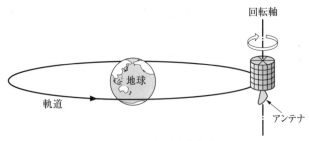

図9.7　スピン安定化方式

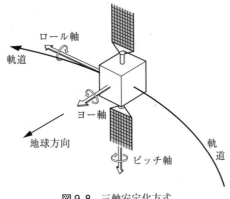

図9.8 三軸安定化方式

9.3 フリスの公式と回線設計の基本

　衛星通信システムの設計は，地上のワイヤレス通信システムの設計と同様，回線設計が基本となる．衛星通信システムの場合，反射波，回折波などの遅延波の影響を考慮する必要がないので，回線設計そのものは伝搬損失の見積りを含め理論的な公式に沿って行うことができる．以下にその方法を示すが，衛星通信以外の地上のワイヤレス通信システムでも基本的な考え方，手法は同じである．

(1) アンテナ利得

　衛星通信システムで使用される開口面アンテナのボアサイト方向（最も利得が大きい方向）の利得 G_{max} は，以下の式で与えられる．

$$G_{\mathrm{max}} = \frac{4\pi A}{\lambda^2}\eta = \frac{4\pi A_R}{\lambda^2} \tag{9.5}$$

　ここで，λ は波長，A はアンテナの投影面積（開口面積）であり，放射方向に対して垂直な面へ投影した面積である（**図9.9**）．η はアンテナ効率であり，効率を考慮したアンテナの面積を有効面積といい，式(9.5)では A_R で示している．アンテナ効率はアンテナの形式に依存するが，おおむね 0.4～0.85 程度である．

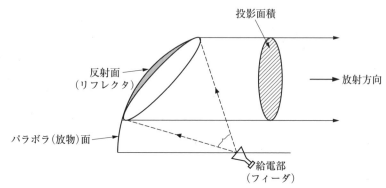

図9.9 オフセットパラボラアンテナの投影面積

(2) 送信アンテナから受信アンテナまでの電力伝送

P_T を送信アンテナからの全送信電力とすると，送信アンテナから距離 r での電力密度 ϕ は，送信アンテナが等方性アンテナである場合，以下となる．

$$\phi = \frac{P_T}{4\pi r^2} \tag{9.6}$$

送信アンテナの利得を G_T とすると，送信元から距離 r にある受信アンテナでの電力密度 ϕ' は以下となる．

$$\phi' = \frac{P_T G_T}{4\pi r^2} \tag{9.7}$$

受信アンテナの有効面積を A_R，その利得を G_R とすると式(9.5)を参照して

$$A_R = \frac{\lambda^2 G_R}{4\pi} \tag{9.8}$$

となる．ここで，A_R は実効上の受信アンテナのエネルギー取得面積であるため，受信アンテナによる受信電力 P_R は式(9.7)$\times A_R$ となり，以下の式が得られる．

$$P_R = \frac{P_T G_T G_R \lambda^2}{(4\pi r)^2} \tag{9.9}$$

式(9.9)は2つのアンテナ間での電力伝送を記述する基本式であり，**フリスの伝達式**と呼ばれるものである．

一方，伝搬損失 P_L は以下の式で表される．

$$P_L = \left(\frac{4\pi r}{\lambda}\right)^2 \tag{9.10}$$

したがって,式(9.9)を dB 形式で記述すると,式(9.11)のように送信電力と受信電力の比が容易に得られる.

$$\left.\frac{P_R}{P_T}\right|_{\mathrm{dB}} = \left.G_T\right|_{\mathrm{dB}} + \left.G_R\right|_{\mathrm{dB}} - \left.P_L\right|_{\mathrm{dB}} \tag{9.11}$$

(3) 熱雑音と回線品質

通信機器の温度に依存する**熱雑音**が通信品質の劣化要因となる.熱雑音電力 P_N は以下で与えられる.

$$P_N = kTB \tag{9.12}$$

ここで,k は**ボルツマン定数**と呼ばれ,その値は 1.38×10^{-23}〔J/K〕である.また,T^1 は雑音温度〔K〕,B は伝送の帯域幅〔Hz〕である.式(9.12)からもわかるように,熱雑音電力は周波数に無関係であるが,帯域幅に比例した物理量である.したがって,高速伝送を実現しようとすると基本的に帯域を広くとる必要があることから,結果として雑音エネルギーも大きくなる.

この雑音温度と受信アンテナの利得 G_R が受信機の性能を示すことになるが,これを G/T として,以下のように表すことも多い.

$$\left.\frac{G}{T}\right|_{\mathrm{dB}} = \left.G_R\right|_{\mathrm{dB}} - \left.T\right|_{\mathrm{dB}} \tag{9.13}$$

一方,送信側の性能はアンテナ利得と送信電力の積(対数表現では和)として,**等価等方輻射電力**(**EIRP**(Equivalent Isotropic Radiation Power))が式(9.14)として表される.

$$\left.\mathrm{EIRP}\right|_{\mathrm{dBW}} = \left.G_T\right|_{\mathrm{dB}} + \left.P_T\right|_{\mathrm{dBW}} \tag{9.14}$$

一般に通信回線の品質を示す指標として,キャリアの電力 C と雑音電力 N の比,すなわちキャリア電力対雑音電力比(C/N)が使用される.キャリア電力 C は式(9.9)で得られる P_R,雑音電力は熱雑音によるものなので,C/N は以下

---

1 アンテナの雑音温度を T_A,受信機の雑音温度を T_B としたとき $T = T_A + T_B$ である.

となる.

$$\frac{C}{N} = \frac{P_R}{P_N} = \frac{P_T G_T G_R \lambda^2}{(4\pi r)^2 kTB}$$

$$= P_T G_T \times \frac{G_R}{T} \times \left(\frac{\lambda}{4\pi r}\right)^2 \times \frac{1}{B} \times \frac{1}{k} \tag{9.15}$$

これを対数形式に変換すると

$$\frac{C}{N} = \text{EIRP} + \frac{G_R}{T} - P_L - 10 \log B + 228.6 \tag{9.16}$$

が得られる. ここで, 228.6 は $10 \log (1/1.38 \times 10^{-23})$ の結果である.

衛星通信システムは, 上り回線 (地球局→衛星) と下り回線 (衛星→地球局) から構成される. したがって, それぞれの回線の C/N を $(C/N)_U$ と $(C/N)_D$ とすると, システム全体としての $(C/N)_T$ は

$$(C/N)_T = \left[\frac{1}{(C/N)_U} + \frac{1}{(C/N)_D}\right]^{-1} \tag{9.17}$$

で与えられる.

回線設計の例を表9.1に示す. C/N は通信システムの回線品質を示すものである. 提供するサービスなどから決定される所要 C/N を満足するように, 衛星の性能やその他地球局の制約などを考慮しながら, 地球局のアンテナ口径や送信電力など各種パラメータを決定していくことが回線設計である. なお, この例で

表9.1 回線設計例

上り回線(端末→衛星)	単 位			下り回線(衛星→端末)	単 位	
地球局 EIRP	dBW	60.6		衛星 EIRP	dBW	54.5
伝搬損失[1]	dB	207.3		伝搬損失[2]	dB	206.1
衛星システム G/T	dB/K	12.1	総合 C/N	地球局 G/T	dB/K	14.3
ボルツマン定数	dBW/(K·Hz)	−228.6	16.2	ボルツマン定数	dBW/(K·Hz)	−228.6
通信帯域幅[3]	dBHz	73.2		通信帯域幅	dBHz	73.2
アップリンク受信 C/N	dB	20.8		ダウンリンク受信 C/N	dB	18.1

[1] 上り回線周波数:14.45GHz
[2] 下り回線周波数:12.72GHz
[3] 21.096MHz を想定

はほかの衛星システムからの干渉や降雨減衰の影響を含めていないが，実際には
これらを考慮した計算が必要であり，それを含めた上でさらに所要 C/N を確保
するためにマージンをとる必要がある．

9.4 地上システム

　静止衛星を利用した地域衛星通信ネットワークの構成を**図 9.10** に示す．本
ネットワークは，都道府県等が設置する直径 4m 程度のアンテナを有するハブ
局，地域ごとに **VSAT**[1]**局**と呼ばれる直径 1m 超のアンテナをもつ地球局，移動
して使用する可搬局，車載局と呼ばれる地球局，通信回線の割当てを行うセン
ター局および通信衛星から構成されている．メッシュ型の通信路構成を基本と
し，すべての地球局間での双方向通信を可能としている．またスター型の構成も
可能で，ハブ局から VSAT 局へ同時に送信する（一斉通信）ことも可能である．
特に災害時などで，多数の拠点との情報共有が必要な場合に適した構成であると
いえる．

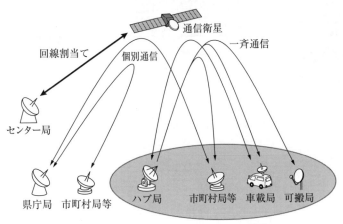

図 9.10　地域衛星通信ネットワークの構成

1　Very Small Aperture Terminal 局．小型地球局と呼ばれ，可搬局と異なり固定利用であ
る．

　商用サービスとして提供されている衛星通信システムで使用されている地上用通信端末を**図 9.11** に示す．図左のものは，低軌道衛星であるイリジウムを介した通信用端末であり，高さ 140mm，幅 60mm，奥行き 27mm 程度で重量は 250g 程度に抑えられている．その横は静止衛星を用いた端末である．重量 1.3 kg，容積 1,400cc 程度で，アンテナ面を衛星の方向に向けて使用する．低軌道衛星を用いる端末のほうが伝搬損失が小さいことから，端末の小型化が実現できる．図中右のものは，Ku バンド（12〜18GHz）を用いる静止衛星との通信のための VSAT 局用アンテナであり，口径 1.2m の小型のものである．送信機能を具備しているため，パラボラ面の焦点位置にあるフィーダが家庭のベランダでよく見られる衛星放送用のアンテナのそれに対して大きくなっている．

アンテナ面

出典：https://www.
iridium.com/products
/iridium-extreme/

出典：https://www.ntt.com/
business/mobile/product/
satellite.html?rdl=1

出典：https://www.jrc.co.jp/
product/satellite_network_
system

図 9.11　地上用通信端末およびアンテナの外観

章末問題

---

1. 静止衛星，GPS 衛星，宇宙ステーションの軌道上の速度，1 周に要する時間（周期）を求めよ．ただし，各衛星の軌道半径は 42,165km，26,560km，6,780km とする．

2. 静止衛星の位置を地表から 36,000km としたとき，地上から送信した電波が衛星を介して地表に戻ってくるまでの時間を求めよ．

3. 衛星通信の長所，短所をそれぞれ述べよ．

4. 静止衛星を使用する通信の場合，低緯度地域が高緯度地域に比べて優位な点を考察せよ．このとき，仰角（水平面からその衛星までの角度．最小は $0°$，最大は $90°$ である）を考慮せよ．

5. フリスの伝達式を構成する物理量を，その単位を含めて示せ．それとともに，それらの物理量の受信電力への影響を述べよ．

6. 表9.1の回線設計例の中で，上り基線の伝搬損失が 207.3dB である（大気吸収損失 0.2dB を含む）が，この数値を確認せよ．ただし，地球局–衛星間の距離[1]は 37,217.9km，上り回線の周波数は 14.45GHz である．また，総合 C/N が 16.2dB であるが，アップリンク，ダウンリンク受信 C/N を考慮してこの値になることを確認せよ．

---

1 静止衛星は赤道上空に存在するが，ほかの衛星との干渉回避などの制約があり必ずしも最短距離となる地球局の真上には配置できず，斜めの位置に配置されるのが通常である．

第10章
短・近・長距離通信システム

10.1 ワイヤレス通信システムの分類

　ワイヤレス通信システムは，使用周波数帯や伝送速度などさまざまな視点から分類できるが，通信範囲であるカバレッジエリアの観点から分類することもできる．その分類を**図 10.1**に示す．衛星通信システムやモバイル通信システムのように，日本国土の居住エリアのほぼ全域をカバーするものは**無線 WAN**（Wide Area Network），モバイル通信システムと同様に基地局を通した通信を行うが，そのカバレッジエリアがおおむね数 km で主として都市部での利用を想定している**無線 MAN**（Metropolitan Area Network），そしてエリアサイズの狭小化の順に**無線 LAN**，**無線 PAN**（Personal Area Network），**短距離無線システム**と区別される．それらの分類と実際のシステムの例を整理したものを**表 10.1**に示す．

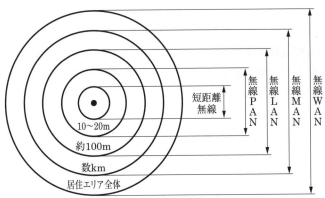

図 10.1　カバレッジエリアから見たワイヤレス通信システム

本章では，すでに第 7 章および第 8 章で説明したモバイル通信システムと無線
LAN システムを除き，短距離無線，無線 PAN，無線 MAN のうち，代表的なワ
イヤレス通信システムについて説明をする．

表 10.1 システムの分類と具体的なシステム例

分類	システム例
短距離無線	RFID/NFC，特定小電力無線，微弱無線など
無線 PAN	Bluetooth，UWB（IEEE802.15.3a）， ZigBee，Wi-SUN など IEEE802.15.4 を含む規格
無線 LAN	IEEE802.11 シリーズ
無線 MAN	WiMAX
無線 WAN	3G/4G/5G，衛星通信，LPWA

　無線 LAN では IEEE 802.11a のように英字の添え字をつけてカテゴリ分けさ
れているが，無線 PAN のアプリケーションはさまざまであるため IEEE 802.15
の後にさらに数字をつけてカテゴリ分けし，その後追加の修正がある場合には
IEEE 802.15.4g のようにさらに添え字をつけて標準化を行っている．

10.2 RFID

　RFID とは Radio Frequency IDentification の略で，無線による自動認識およ
びデータ取得のデバイスである．JIS X 0500-3: 2009 の定義によれば，RFID は，
種々の変調方式と符号化方式とを使って，RF タグへ又は RF タグから通信し，
RF タグの固有 ID を読み取るシステムとされる．RFID システムを大別すると，
リーダ・ライタ[1]からの供給電力で RF タグが応答するパッシブ型と RF タグの
内蔵電池の電力で交信するアクティブ型に分類できる．電波法上，パッシブ型
RF タグは，無線設備外の取り扱いとなる．現在，広く普及している交通系 IC
カードやアパレル店舗で使用されるセルフレジに用いられる RF タグはパッシブ

---

1 質問器と呼ぶことも多い．

型である．本節では，パッシブ型に絞って説明する．

　135kHz 未満および 13.56MHz 帯の RFID では，電磁誘導式パッシブ RFID が
使用される．電磁誘導式パッシブ RFID の電力供給と通信の仕組みを**図 10.2** に
示す．図に示すように，コイルへ通電すると同一方向に磁場ができ，この磁場に
別のコイルを置くとコイルの両端に電圧が発生するファラデーの電磁誘導の法則
を利用している．リーダ・ライタ側での交流電圧によって，磁界 H は変化する．
RF タグ（カード）側では，この磁界の時間変化に比例した起電力が発生する．
この電力を用いて RF タグは駆動し，ASK などの変調により通信を行う．なお，
リーダ・ライタとタグ間の距離が大きくなると，磁界の強度は小さくなり，所定
の起電力の確保が困難となる．例えば，13.56MHz のシステムの通信距離は，
50cm 程度（ゲート型アンテナは左右にアンテナがあるため見かけ上 1m 程度）で
ある．

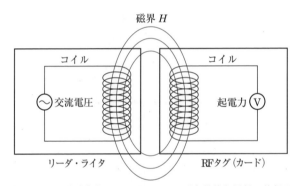

図 10.2　電磁誘導式パッシブ RFID の電力供給と通信の仕組み

　920MHz および 2.54GHz 帯の RFID では，電波式パッシブ RFID が使用され
る．無線方式パッシブ RFID の代表例であるバックスキャッタ通信の仕組みを**図
10.3** に示す．バックスキャッタ通信（後方散乱通信）は，電波の反射を用いた
通信方式で，RF タグは自ら電波を発信するための発振器や増幅器をもたず，
リーダ・ライタから供給される電波に対して整合状態と反射状態の 2 つの状態を
作ることでタグからリーダ・ライタへの信号伝送を可能としている．わが国では
920MHz 帯 RFID は，送信出力 1W で用いることができ，最大通信距離は数 m

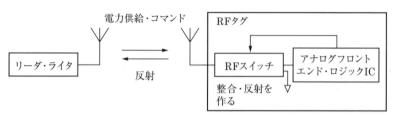

図10.3　無線方式パッシブ RFID の電力供給と通信の仕組み

程度となる.

　RFID システムの動作例として，ISO/IEC 18000-63 で規定している動作を簡略化したものを**図10.4**に示す．RFID システムは，リーダ・ライタと RF タグからなり RF タグには ID やデータのためのメモリが備えられている．リーダ・ライタで RF タグの ID やデータを読み書きするに先立ち，インベントリと呼ばれる操作を行い，エリア内に存在する RF タグを把握する．その後，任意の RF タグの ID やデータの読み書きを行う．リーダ・ライタは，コマンドを送信しない時間も無変調波つまり連続波（CW：Continuous Wave）を送信し，RF タグに給電する.

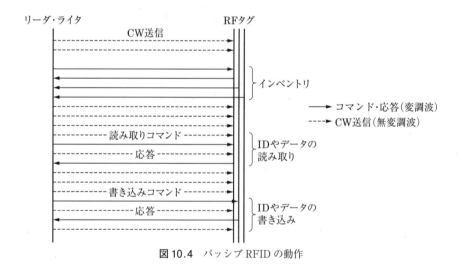

図10.4　パッシブ RFID の動作

10.3　Bluetooth

Bluetooth は近距離無線通信規格の 1 つで，Bluetooth SIG において規格が策定されている．IEEE での規格名は，IEEE 802.15.1[1]である．Bluetooth は多くのバージョンがあり機能が追加されてきた．関係する規格は，パソコンやスマートフォンと周辺機器間のワイヤレス通信に利用される **Bluetooth Classic** とバージョン 4.0 で追加されワイヤレスビーコンなどに利用される低消費電力規格である **Bluetooth Low Energy**（**BLE**）に大別できる（**図 10.5**）．なお，この 2 つの規

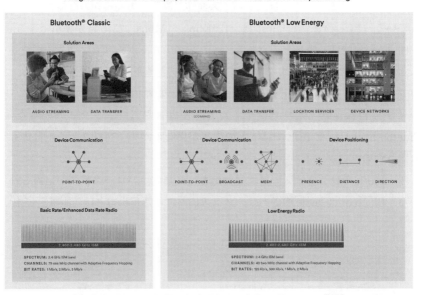

図 10.5　Bluetooth Classic と Bluetooth Low Energy の概要
画像出典：https://www.bluetooth.com/ja-jp/learn-about-bluetooth/tech-overview/

1　当初 IEEE では無線 PAN に IEEE 802.11 と共通 MAC を作用する方針であったが，後発の Bluetooth が先に製品化されたためにその仕様を流用し Bluetooth 1.1 を IEEE 802.15.1 として採択している．Bluetooth 1.2 以降は IEEE の規格として維持管理されていない．

格には互換性はなく，それぞれのデバイスは直接通信できない．ただし，スマートフォンなどのデバイスでは，デュアルモードのデバイスを使用して両方の規格に対応している．

　　Bluetooth Classic は，Bluetooth Basic Rate/Enhanced Data Rate（BR/EDR）とも呼ばれ，2.4GHz の ISM バンドの 79 チャネルを用いて，主にオーディオストリーミングやデータ転送で利用される．Bluetooth Classic のビットレートは，1Mbps，2Mbps，3Mbps が使用できる．Bluetooth Classic は，ポイント・ツー・ポイントとスター型のネットワーク・トポロジ[1]のデバイス通信をサポートする．BLE は，2.4GHz の ISM バンドの 40 チャネルを用いて，主にデータ転送，位置情報サービス，デバイスネットワークの構築で利用される．BLE は，ポイント・ツー・ポイント型，スター型，メッシュ型といった複数の通信トポロジをサポートしている．また，最近では，デバイス検知，測距，方向検知の機能まで提供されている．BLE のビットレートは，125Kbps，1Mbps，2Mbps が使用できる．

　　Bluetooth では，オーディオストリーミング，キーボードやマウスの接続，それらの通信など，さまざまな機能ごとにプロファイル[2]が規格化されている．プロファイルは，Bluetooth SIG で規格化された標準プロファイルとサードパーティが独自に定義したプロファイルであるカスタムプロファイルからなる．Bluetooth Classic と BLE では下部の構造が異なるため，プロファイル自体もそれぞれ別のプロファイルとなる．

　　Bluetooth ではデバイスの最大送信出力に応じて，パワークラスが定められている．Bluetooth Classic の各パワークラスにおける送信出力と伝送距離を**表 10.2**

表 10.2　Bluetooth Classic のパワークラス

パワークラス	送信出力	伝送距離
クラス 1	100mW*	約 100m
クラス 2	2.5mW	約 10m
クラス 3	1mW	約 1m

*ただし，日本国内では 50mW まで．

1　ネットワーク・トポロジについては，図 12.4 を参照．
2　プロファイルとは，標準化仕様の部分集合や選択肢を表す．

に示す．例えば，Bluetooth Classic のクラス 2 では 10m 程度の通信距離で利用できる．BLE のクラスは，4 つのパワークラスが定義されている．同じクラスでも Bluetooth Classic と BLE では出力が異なる．

Bluetooth のネットワーク構成について，**図 10.6** に示す．Bluetooth Classic と BLE のデバイスの扱いは異なる．Bluetooth Classic のデバイスは，パソコンやスマートフォンなどのマスタと周辺機器であるスレーブの 2 種類に分類できる．Bluetooth Classic のネットワーク構成は，スター型となり，ワイヤレスヘッドフォンなどのスレーブは最大 7 台まで同時に接続できる．スレーブ同士は直接通信できない．一方，BLE のデバイスは，パソコンやスマートフォンなどのセントラルと周辺機器であるペリフェラルに分類できる．セントラルが同時に接続できるペリフェラルの数は，仕様上は制限がない．Bluetooth Classic のスレーブと同様，ペリフェラル同士は直接通信できない．また，**Bluetooth Mesh** は，BLE を拡張した機能であり，機器同士が多対多に接続しメッシュネットワークを構築できるようになった．例えば，後述する ZigBee と同様に，照明器具など

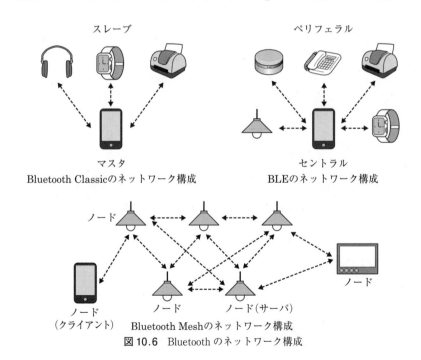

スレーブ　　　　　　　　　　　ペリフェラル

マスタ　　　　　　　　　　　セントラル
Bluetooth Classicのネットワーク構成　　　BLEのネットワーク構成

ノード

ノード
ノード　　ノード　　ノード(サーバ)
（クライアント）　　Bluetooth Meshのネットワーク構成
図 10.6　Bluetooth のネットワーク構成

を使用してメッシュネットワークを構築し，照明や空調の制御を行うことができ
る．Bluetooth Mesh のネットワークを構成する機器はすべてノードと呼ばれる．
センサや制御対象となるサーバとこれに要求を行うクライアントのクライアント
/サーバ型アーキテクチャで構成される．

　Bluetooth はスペクトル拡散方式を用いているが，スペクトル拡散方式として
第 4 章で述べた直接拡散方式（DS：Direct Sequence）とは異なる周波数ホッピ
ング（FH：Frequency Hopping）拡散方式を採用している．この方式は，使用
可能な 1MHz 間隔の 79 チャネルを毎秒 1,600 回の頻度（625μs）でランダムに変
化させて（これを周波数ホッピングという），周波数干渉の影響を抑制するもの
である．周波数ホッピングパターンの例を図 10.7 に示す．ホッピング周波数の
切換順序とそのタイミングを一致させることで，一対の通信路が形成される．無
線 LAN などのほかのワイヤレスシステムが Bluetooth に干渉した場合でも，次
にホッピングしたチャネルでは干渉しないことから，単純な CSMA/CA 方式に
比べてスループット特性の劣化は少ない．

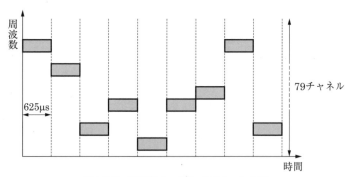

図 10.7　周波数ホッピングパターンの例

10.4　ZigBee

　ZigBee は，センサ端末が協調してセンシングを行うワイヤレスセンサネット
ワークを構成するためのワイヤレス通信規格である．デバイス間の転送距離が短
く転送速度も低速である代わりに，安価で低消費電力である．IEEE では，無線

PAN を IEEE 802.15 シリーズとして規格化しており，IEEE 802.15.4 や IEEE 802.15.4g が代表的な規格である．IEEE 802.15.4 では，物理層と MAC 層の標準を規格化している．初出の 802.15.4 では，物理層として O-QPSK（Offset Quadrature Phase Shift Keying）変調と直接拡散方式（DSSS）を採用し，周波数として 868MHz，915MHz，2.4GHz 等が使用できる．ZigBee の物理層と MAC 層は，IEEE 802.15.4 を使用し，それより上位のプロトコルについては ZigBee アライアンスが仕様の策定を行っている．ZigBee は，国際的に広く使用できる 2.4GHz 帯を中心に使用されてきたが，日本国内では，920MHz 帯も利用可能になっている．データ転送速度は使用する無線周波数帯によって異なり，2.4GHz 帯では 250Kbps，920MHz では 40Kbps である．

　伝送チャネルとして使用する周波数を**図 10.8** に示す．チャネル 11 から 26 までの合計 16 チャネルを同時に使用することが可能である．干渉回避は CSMA/CA によるアクセス方法をとっているが，無線 LAN の使用状況によっては，無線 LAN との干渉によってスループットが得られない場合も考えられる．この場合は，無線 LAN の使用周波数と重ならないチャネル 15，20，25，26 を使用するように設定して，干渉を回避することが可能である．

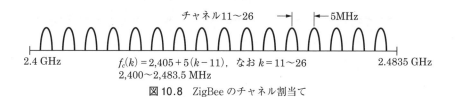

$$f_c(k) = 2{,}405 + 5(k-11), \quad なお \ k = 11 \sim 26$$

図 10.8 ZigBee のチャネル割当て

　ZigBee で構成できるネットワーク・トポロジを**図 10.9** に示す．スター型，クラスタツリー型そしてメッシュ型の 3 形態のトポロジを構成できる．それぞれのトポロジの比較を**表 10.3** に示す．ネットワークの規模や信頼性の条件を考慮して，各トポロジが選択されることになる．そのネットワークを構成する機能的なデバイスとしてコーディネータ，ルータ，エンドデバイスの 3 つの種類が提供されている．それぞれの機能比較を**表 10.4** に示す．コーディネータは 1 つのネットワーク内では 1 つしか存在せず，ネットワークの立ち上げはこのコーディネータの役割となる．

スター型　　　　　クラスタツリー型　　　　　メッシュ型

● : ZigBeeコーディネータ
● : ZigBeeルータ
○ : ZigBeeエンドデバイス

図10.9　ZigBeeのネットワークトポロジ

表10.3　各ネットワーク・トポロジの比較

名称	スター型	クラスタツリー型	メッシュ型
消費電力	小	中	大
通信距離	短い	長い	長い
信頼性	低い	低い	高い
遅延時間	短い	予測できる	予測が難しい

表10.4　ZigBeeの構成要素の機能比較

名称	コーディネータ	ルータ	エンドデバイス
ネットワークの立上げ機能	あり	なし	なし
ルータ機能	あり	あり	なし
管理範囲	すべてのノード	自分の子ノード	自分のみ
存在可能なノード数	1ノードのみ	複数ノード可能	複数ノード可能

　ZigBeeを利用した代表的なネットワークシステム構成例を図10.10に示す. この図では，2つのノード（端末）グループに分けられている．ネットワーク・トポロジの図に示したように，ノード間でホッピングしながら情報を転送する（バケツリレー）．これらは，シンクデバイス（データがたまるという意味）に集められ，ゲートウェイ（GW），ネットワークを介してサーバに送信される．単体としての伝送距離の制約はあるものの，この中継機能による隣接ノードへの情報転送により，等価的に伝送距離の拡大が実現でき，また，各ノードの消費電力

を抑えることができる.

さらに, ノードの配置にも依存するが, ノードが故障, あるいは電池寿命など
によって送信不能になった場合は, ノード間のルーティングの再計算によって故
障ノードを通らないパスを再設定するルータ機能を有している. このことによ
り, ワイヤレスネットワークシステムとしての信頼性を高めている. このような
構成で, 既存のネットワーク内のサーバやユーザ端末がセンサデータにアクセス
でき, さまざまなアプリケーションに適用できることになる. 図 10.10 は, 異
なる複数のワイヤレスセンサネットワークが存在して, それぞれのゲートウェイ
を介して必要なデータをやりとりすることが可能な構成となっている. このよう
な仕組みで異なる種類のワイヤレスセンサネットワークが協調することによっ
て, より付加価値の高いネットワークを実現していくことが期待されている.

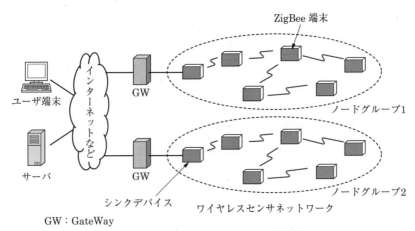

図 10.10 ネットワークシステムの構成例

ZigBee とは異なるが類似の規格として, **Wi-SUN** を紹介する. Wi-SUN は,
電気・ガス・水道のスマートメータに使用される Smart Utility Network（SUN）
を構成するためのワイヤレス通信規格である. 例えば, 東京電力管内では約
2,840 万台[1]のメータがあり, 先に述べた ZigBee よりはるかに利用されている規

---

1 2020 年度までに設置されたスマートメータの台数

格といえる．802.15.4 の標準化後，802.15.4a（物理層の追加修正），802.15.4b（MAC 層の追加修正）など多くの追加修正が行われた．802.15.4g は，Wi-SUN の物理層として規格化された．802.15.4g では，FSK，O-QPSK，OFDM の 3 つの変調方式が採用され，通信速度は 100k~1Mbps，通信距離 1~2km を実現している．また，Wi-SUN の MAC 層は IEEE 802.15.4e で規格化されている．Wi-SUN は，スマートメータのための通信規格であるので，サービスエリアをカバーするためのマルチホップ通信機能が備えられている．集約装置であるコンセントレータと直接通信できないメータからのデータは，スマートメータの中継機能を用いて転送する．

10.5　LPWA

　モバイル通信技術の大半は，高速・大容量通信を実現するために進化してきた．IoT システムの通信はデータ送信頻度もデータ量も小さく，IoT デバイスのバッテリも限られるため，高い消費電力を必要とする高速・大容量のワイヤレス通信は IoT システムのワイヤレス通信技術として不向きである．近年，IoT 向けのワイヤレス通信システムを広範囲に構築するための技術である **Low Power Wide Area（LPWA）** が急速に普及してきている．LPWA では，セルラ以上の距離をカバーする機能とデバイスの消費電力を抑える機能に対応しており，IoT デバイス自体の製造コストや通信コストの低減に寄与している．LPWA は，ライセンスバンドを用いるセルラ系 LPWA とアンライセンスバンドを用いる非セルラ系の LPWA に大別できる．

　LPWA のワイヤレスシステム構成例を**図 10.11** に示す．セルラ系 LPWA では，LPWA 端末の利用者は LTE の事業者網へ接続し無線アクセスを利用する．非セルラ系では，無線 LAN のように LPWA 端末の利用者が自ら自営網を設置することもできるほか，LPWA のサービスを提供する事業者の網へ接続することもできる．後述する Sigfox では，LPWA 端末へ LPWA 端末所有者のサーバから直接接続することはできないため，網事業者のサーバを介して通信を行う．

(1) セルラ系 LPWA

　ライセンスバンドを用いるセルラ系 LPWA は，既存の LTE のモバイル通信

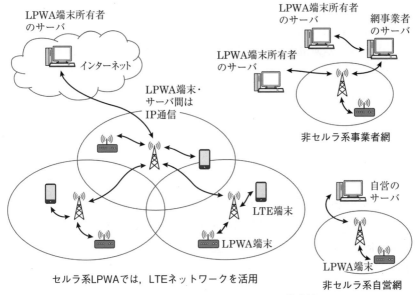

図 10.11 LPWA のワイヤレスシステム構成例

のネットワークを活用[1]できるため，非セルラ系 LPWA と比較してサービスエリ
アの展開が容易である．セルラ系 LPWA としては，LTE Cat.1，LTE-M，
NB-IoT[2] の 3 つが挙げられ，これらは 3GPP[3] が LTE の一部として標準化した規
格である．LTE の OFDMA では，帯域を 180kHz と 0.5ms のリソースブロック
に分割して使用できる．リリース 8 で策定された LTE Cat.1 は，一般的な携帯
電話の LTE と同様にリソースブロックを使用し，最も高速で消費電力も大き
い．リリース 13 で策定された NB-IoT はリソースブロックを 1 個使用し低速か
つ省電力である．同様にリリース 13 で策定された LTE-M は，リソースブロッ
クを 6 個使用し，速度と消費電力は NB-IoT と LTE Cat.1 の中間となる．以下，
LTE-M，NB-IoT について紹介する．

1　当然，基地局のソフトウェアアップデートなどの対応が必要である．

2　3GPP のリリースの中に含まれる 1 つの規格はカテゴリと呼ばれる．LTE-M のカテゴ
　　リが Cat.M1，NB-IoT のカテゴリが Cat.NB1 に対応する．

3　3GPP は，Third Generation Partnership Project の略であり，第 3 世代携帯電話（3G）
　　以降の仕様の標準化を行うプロジェクトである．

① LTE-M（LTE Cat.M1）

LTE Cat.M1 は，3GPP のリリース 13 で規格化された IoT 向けの通信方式であり，キャリアが使用するサービス名である **LTE-M** とも呼ばれる．LTE-M は，遠隔地の端末に対して同じデータを連送して受信確率を上げることでカバレッジを拡張する技術（CE），着信不可の状態を維持し消費電力を抑える技術（PSM），受信信号の間隔を拡張し消費電力を抑える技術（eDRX）に対応している．LTE-M は，上り下り最大 1Mbps の Full duplex，上り最大 300kbps，あるいは，下り最大 375kpbs の Half duplex に対応している．LPWA の中では比較的高速な通信速度に対応しており，IoT デバイスのファームウェア・アップデート（FOTA：Firmware update Over The Air）の利用が可能である．LTE で通常使用できるハンドオーバ（基地局の切り替え）も使用できる．

② NB-IoT（LTE Cat.NB1）

LTE Cat.NB1 は，3GPP のリリース 13 で規格化された IoT 向けの通信方式であり，キャリアが使用するサービス名である **NB-IoT** とも呼ばれる．リソースブロックを 1 つのみ使用することから Narrow Band（NB）の名称となっている．NB-IoT は，IoT 向けの低コスト・低消費電力に特化した仕様となっている．NB-IoT は，Half duplex のみ対応し，下り最大 26kbps，上り最大速度 62kbps の通信が可能である．通信速度が低いため，ファームウェアをワイヤレス通信によって更新する FOTA は使用できない．

(2) 非セルラ系 LPWA

アンライセンスバンドを用いる非セルラ系の LPWA は，一般的にはセルラ系 LPWA よりもさらに低消費電力で動作する．ここで，アンライセンスバンドとは，免許不要の周波数帯（920MHz 帯）を意味する．Sigfox など一部を除き，無線 LAN アクセスポイントのように誰でも任意の場所に機器を設置し自営網を運用することで，使いたい場所ですぐに使うことができる反面，同じ周波数帯を利用するほかのワイヤレスシステムからの干渉により通信品質が低下する懸念もある．また，サービス事業者が展開する LPWA を使用することもできる．LPWA 端末のネットワーク層は IP ではない独自の方式が用いられており，サーバとの通信はゲートウェイ装置を介して行う．以下，代表的な LoRaWAN，Sigfox，そのほかの例について紹介する．

① LoRaWAN

LoRaWAN の仕様は，LoRa アライアンスによりオープンに策定されており，多くの国で導入されている．オープンな規格となっているため，自営ネットワークを構築することも LoRaWAN のサービス事業者からサービス提供を受けることもできる．LoRaWAN では，最大約 10km 程度の長距離通信が可能である．LoRaWAN では，遠距離通信を実現するため，スペクトル拡散方式の一種であるチャープスペクトラム拡散（CSS：Chirp Spread Spectrum）を用いている．これは，周波数を増加または減少させながら通信するためにより干渉に強く受信感度がよい．拡散率（SF：Spreading Factor）の設定[1]により増加または減少のペースが変わり，トレードオフの関係にある通信速度と受信感度を柔軟に設定できる．

② Sigfox

Sigfox には，仕様を協議するアライアンスはなく，フランスのウナビズと1国1事業者が契約し，その事業者が各国でネットワークを構築する．日本では，京セラコミュニケーションシステム（KCCS）が Sigfox のサービスを提供している．Sigfox デバイスは，最大 12 バイトのデータを送る際に周波数を変えて3回連送する．また，Sigfox デバイスから送信されたメッセージは，受信可能な基地局すべてで受信し1つのデータとして Sigfox クラウド上で管理される．さらに，超狭帯域通信は必要な受信帯域幅が狭いため，ノイズの影響も抑えられる．これらの特長により，通信の安定性，耐干渉，耐障害性を高めている．LoRaWAN などとは違い自営のネットワークを構築することはできないが，ウナビズや各国の事業者がネットワークやクラウドを一元管理しているため，自前のサーバや基地局を用意する必要がない（**図 10.12**）．

③ そのほか

LPWA は，多種多様な規格が存在している．日本の技術基準適合認定を受けた機器を販売しているアンライセンスバンドの LPWA 規格として，LoRaWAN，Sigfox，Wi-SUN，ZETA，Weightless，EnOcean Long Range，ELTRES が挙げられる．一例として，ELTRES について紹介する．

1　拡散率を上げると通信速度は低下するが受信感度は向上し，より遠距離で通信できる．

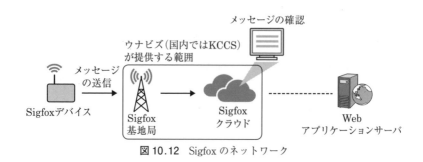

図10.12　Sigfox のネットワーク

ELTRES は，ソニーが開発した LPWA 規格で，その基本プロトコルは ETSI
で国際標準化されている．通信速度は 80bps と低速だが受信感度はよく
（-142dBm），見通し 100km 以上の伝送が可能で，時速 100km 以上の高速移動
体にも対応できる．通信方向は端末からの上り一方向で下りは使用できないが，
GNSS を用いて端末・受信局間の同期を高精度に行っている．また送信ごとにプ
リアンブル[1]を付加する必要がないため送信時間を短縮できる．ELTRES は，
GNSS を用いているため，屋外での使用が前提となる．

10.6　そのほかのシステム

そのほかの短近距離通信システムとして，特定小電力無線，微弱無線と呼ばれ
るシステムがある．これらは Bluetooth，ZigBee などとは異なり，国際的に標準
化された方式ではないが，**特定小電力無線**については ARIB（Association of
Radio Industries and Businesses：電波産業会）の ARIB-STD-T67 として仕様
が規定されている．その送信出力は 10mW 以下で，使用にあたっての免許，資
格が不要である．使用周波数帯は 400MHz 帯であり，通信範囲は数百 m までを
カバーする．本通信システムは，トランシーバとしての利用が多かったが，テレ
メータ，ワイヤレスマイク，移動体検知センサなど多くの用途で使用されてい
る．

一方，**微弱無線**は，322MHz 以下の周波数で，送信機から 3m 離れた地点の電

1　データの先頭を表す決まったパターン．

界強度が 500μV/m 以下であることが条件の１つである．アンテナの小型化とい
う観点から，使用周波数として 315MHz 近傍を用いた製品が多い（波長の短い
周波数のほうが小型化には有利）．その通信範囲は 10m 強であり，ワイヤレスマ
イク，自動車のキーレスエントリーやリモコンなどに利用されている．

―――――――――――――――― 章末問題 ――――――――――――――――

1. ISO/IEC 18000-63 のような国際標準規格の RFID では，RF タグは国際的に
　　共通なものが，RFID リーダ・ライタは各国で異なるものが開発・市販され
　　ている．この理由を説明せよ．
2. Bluetooth は周波数ホッピング（FH：Frequency Hopping）拡散方式を採用
　　しているが，この理由を説明せよ．
3. 主に産業用に使用される ZigBee であるが，家庭内で使用される例もわずか
　　ながら存在する．どのような例があるか調べてみよ．
4. 都市部と山間部で LPWA を使用することを考える．セルラ系と非セルラ系
　　のそれぞれどちらがよいか，それぞれの技術的な特徴や事業者のサービスの
　　提供状況を調べて論じよ．

第 11 章
測位システム

11.1 GNSS の歴史とその特徴

GNSS は Global Navigation Satellite System の略称であり，直訳すると全地球航法衛星システムであるが，広く衛星測位システムとして認知されている．航法とは船舶や航空機，自動車，宇宙機などの移動体において，出発地から経由地，目的地までの航行を導く方法であるが，自分の位置を知る測位手法が主要な技術である．一般には，**GPS**（Global Positioning System）という名称が使われることが多いと思わ

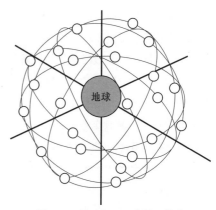

図 11.1 地球と GPS 衛星の軌道

れる．GPS は 1970 年代に米国が軍事目的に最初の衛星を打ち上げたのが始まりであり，米国の GNSS の名称である．GPS では地上約 2 万 km（軌道半径 26,561.75km）の 6 つの GPS 衛星軌道に 1 軌道あたり 4 衛星ずつ，計 24 機（冗長衛星除く）の衛星が用いられており（GPS 衛星の軌道を**図 11.1** に示す），それらは米国の国防総省により管理運営されている．

その後，ロシアの **GLONASS**，欧州の **Galileo**，中国の **BeiDou** が GPS と同類のシステムとして運用を開始している．そして受信機によっては，これらの複数のシステムの衛星からの信号を受信して，より測位精度を高めるサービスが提供されている．このような経緯もあり，GPS から GNSS が一般的な名称になりつ

つある．日本では"**みちびき**"として，主として日本の上空のエリアで測位サービスを提供する衛星が運用されている．インドでも同様な衛星が運用されており，GPS に対してこれらは RPS（Regional Positioning System）と呼ばれることもある．RPS は衛星が地上から見て天頂方向に存在するときの電波を受信することから，高層ビルなどで囲まれたエリアでの測位信号の受信の確率を高めること，可視衛星数を増やすことにより測位の高精度化に寄与している．

　上記のように複数のシステムがあるものの，以下の点が共通の特徴として挙げられる．

① 無制限に多くのユーザがサービスを享受できるように，ユーザにとって送信を行なわない受動体システムになっている．

② 衛星から時刻同期された信号を送信することによって，三辺測量を基本的な測位手段としている．

③ 1つの無線周波数で信号の同時送信を可能にする CDMA を利用している（ただし，GLONASS は FDMA）．

④ 測位誤差となる電離層による電波の屈折を抑えることや空間伝搬損失，大気中での電波の減衰を考慮し L バンドの周波数を選択し，衛星の軌道として中軌道（高度 5,000〜20,000km）を選択している．

⑤ スペースセグメント，コントロールセグメント，ユーザセグメントから構成されている．

　スペースセグメントは人工衛星であり，測位を行う受信機に信号を送信している．コントロールセグメントは地上側の設備であるが，ある意味，最も重要な要素である．衛星の軌道決定とその制御，衛星内部の原子時計のクロック調整，衛星のヘルスチェックなどを行っている．また，衛星の軌道情報を予測し，衛星から地上の受信機に送信する測位計算のための航法メッセージ（11.2 節参照）を更新し，衛星に送信している（スペースセグメントとコントロールセグメント間は双方向通信，スペースセグメントとユーザセグメント間は一方向通信（放送と同様）の形態である）．ユーザセグメントはユーザ端末であるが，LSI 技術とソフトウェア技術の進展により，スマートフォンの中のチップでも複数の測位システムの受信が可能になっている．

11.2 測位の基本原理

GNSS による測位は，複数の
GNSS 衛星からの電波を受信するこ
とにより，ユーザ端末の位置（緯
度，経度，高度）および時刻を得る
ものである．位置算出の仕組みを**図
11.2** に示す．ユーザ端末の位置は，
送信源（GNSS 衛星）からの距離が

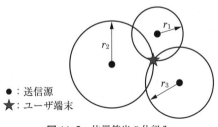

● : 送信源
★ : ユーザ端末

図11.2 位置算出の仕組み

一定の球面の交点として求められる．ユーザ端末と衛星との間の距離 r は以下
で表される．

$$r = c(t_r - t_t) \tag{11.1}$$

ここで，c は光速，t_r はユーザ端末の受信時刻，t_t は GNSS 衛星からの送信時
刻を示す．

式(11.1)は理想的な場合で，実際にはユーザ端末のクロックの誤差がある
（ユーザ端末に比べて GNSS 衛星は原子時計である極めて高精度なクロックを搭
載しており，またそれらは定期的にコントロールセグメントから補正されてい
る）．この誤差を考慮すると，次のように書き直される．

$$r' = c(t_r - t_t) + c\Delta t \tag{11.2}$$

r'：衛星とユーザ端末間の端末のクロック誤差を含めた**疑似距離**

Δt：ユーザ端末のクロックの誤差

ユーザ端末の位置を (x, y, z)，衛星の位置を (x_i, y_i, z_i) とすると以下の
式が得られる．ここで i はシステムを構成している各衛星を示す．ちなみに，こ
の衛星の位置に関する情報（軌道情報）は衛星から送信されている．

$$(r_i' - c\Delta t)^2 = (x_i - x)^2 + (y_i - y)^2 + (z_i - z)^2 \tag{11.3}$$

r_i' は疑似距離として測定できる値であり，また x_i, y_i, z_i も衛星軌道情報より
既知であるため，n を可視衛星数として，この n 本の式からなる連立方程式を

$(x,\ y,\ z,\ \Delta t)$ について解けば，ユーザ端末の位置とユーザ端末のクロック誤差が求められる．したがって，最低4機の GNSS 衛星の信号を受信できれば測位可能である．

この方程式を解析的に解くことは困難であり，**ニュートン法**などの数値計算の手法を用いて解を求める．衛星とユーザ端末との位置関係にもよるが（GDOP（Geometrical Dilution Of Precision）という尺度がある），基本的には見えている衛星の数（可視衛星数）が多いほど測位精度が向上することになる．なお，衛星から送られてくるコードに含まれる軌道情報の受信は時間がかかるため，ユーザ端末に軌道情報がない状態では初期の位置特定までに時間を要する．

式 (11.3) からも明らかなように，疑似距離 r'，すなわち，衛星と受信機（ユーザ端末）間の距離を測定することが測位の最も重要な技術の1つである．GPS の場合を例として，疑似距離の測定方法を述べる．GLONASS 以外は GPS と同じ方式であるため，基本的な方法は同じである．

衛星から送信される測距信号 $s(t)$ は，以下で表される．

$$s(t) = D(t)\,p(t)\sin 2\pi f_c t \tag{11.4}$$

ここで，

　$D(t)$：航法メッセージ（50bps）

　$p(t)$：拡散符号（1.023Mcps（cps は chip per second））

　f_c：搬送波周波数（1,575.42MHz）

である．

ディジタル伝送であり，$D(t)$，$p(t)$ は $+1$，-1 の値である．したがって，位相を反転させる BPSK 変調が適用されている．**航法メッセージ**には，衛星の軌道情報や衛星のクロック補正情報などが含まれている．一方，$p(t)$ は PN 符号とも呼ばれる疑似雑音符号である．1.023Mcps はチップレートであり，1秒間に 10^6 回の -1，1の変化を行っていることを意味する（-1，あるいは1が連続する区間もある）．この PN 符号は互いに独立であるという性質があり，以下で求められる**自己相関**，**相互相関**を計算すると，自己相関の場合は符号列のタイミングが完全に一致した場合にのみピークをもち，相互相関の場合は常に0（に近く）になるという性質がある．

$$R_{xx}(k) = \sum_{n=0}^{N-1} x(n)x(n-k) \tag{11.5}$$

$$R_{xy}(k) = \sum_{n=0}^{N-1} x(n)y(n-k) \tag{11.6}$$

ここで,

R_{xx}：自己相関

R_{xy}：相互相関

x, y：疑似雑音符号

N：符号の要素数（系列長，GPS の場合は 1.023×10^6）

したがって，衛星から送信する拡散された信号と受信機内部で保持する符号との相関のピークの位置から送信と受信のタイミングの差を検出することで，衛星と受信機間の距離を測定している．自己相関と相互相関計算結果の一例を**図11.3** に示す．符号が同系列の場合は，タイミングが一致した箇所（コードが一致した箇所）で相関値はピークをもつ（それ以外の箇所では，0に近い値）．ピークの位置が衛星の送信時刻と受信機の受信時刻の差である．ここで，ほかの衛星からの符号である場合は系列は無相関であり，タイミングによらず図の下のようになって明瞭なピークは生じない．なお，1.023Mps と光速を考慮すると1チップあたり 300m の距離分解能である．このチップレートを向上させて精度を向上させる方法もある．

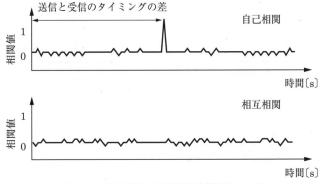

図11.3 自己相関と相互相関計算結果の一例

　このPN符号で得られたピークのタイミングで航法メッセージによって変調された信号を復調すれば，ほかの送信機，すなわちほかの衛星からの影響を受けずに対象とする衛星のみからの信号を取り出すことができる．これはすなわち，4.4節で述べたCDMAにほかならない．この構成を図11.4に示す．ここで，このPN符号の番号が衛星を区別する番号にもなっている．

　以上述べてきた測位，すなわち位置を求めるまでの処理の流れを図11.5に示す．衛星から送信される信号から疑似距離とともに航法メッセージを復調し，衛

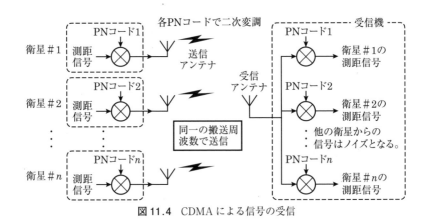

図 11.4　CDMA による信号の受信

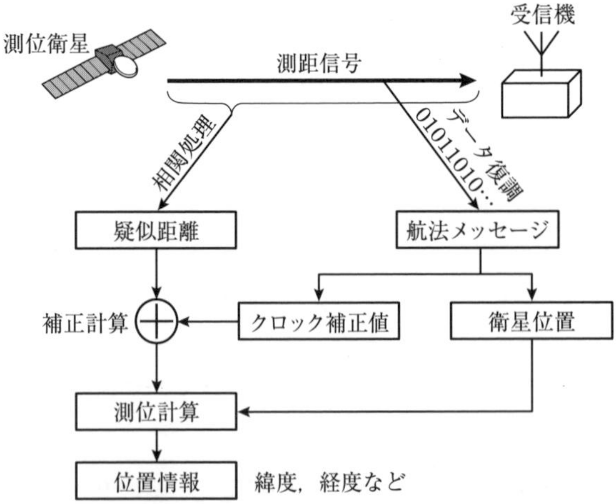

図 11.5　位置を求めるまでの処理の流れ

星の軌道情報から衛星位置，衛星内部のクロックの補正値を求め，式(11.3)を解く測位計算を行う．その結果から緯度，経度に変換している．

11.3　単独測位と相対測位

　GNSS衛星による位置特定方式は，**単独測位方式**と**相対測位方式**がある．単独測位とは式(11.3)に示したように，衛星からの受信電波のみで測位する方式である．単独測位方式では，**図11.6**に示すように，衛星からの電波が電離層や大気，マルチパスなどの影響で伝送遅延の変化が生じ，それがそのまま測位誤差となる．また，すでに述べたように，衛星の原子時計のクロック誤差，軌道情報からの位置のずれなども誤差の要因となる．

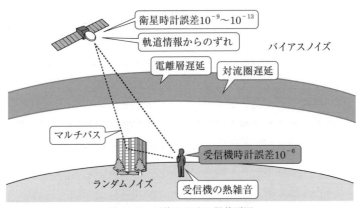

図11.6　測位における誤差要因

　相対測位方式は，これらの要因による測位誤差を補償するように，あらかじめ正確な位置がわかっている地点（基準局）での位置特定誤差を求め，ユーザ端末で位置特定誤差を補正して特定精度を向上させる方式である（**図11.7**）．

　相対測位方式には，**D-GNSS**（Differential GNSS）方式と**RTK-GNSS**（Real Time Kinematic GNSS）方式がある．基準局の位置は正確にわかっているため，この局から衛星までの距離は正確に求められる．したがって，その地点で測距を行うと，衛星との正確な距離と測定した距離の差が誤差として明らかになる．

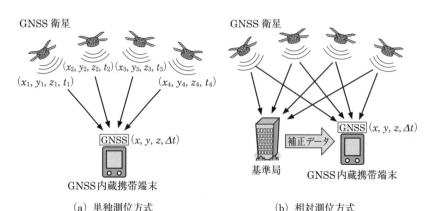

（a）単独測位方式 （b）相対測位方式

図11.7 単独測位方式と相対測位方式

D-GNSS ではこの誤差をユーザ端末に知らせ，端末側は単独測位の結果にこの誤差を考慮することにより，より正確な位置を求める．

　RTK-GNSS では，衛星までの距離を求める際にコード情報ではなく，衛星からの電波の位相情報（波の数）を用いることによって，距離計測の分解能を高めて精度を向上させている．ただし，これらの相対測位方式では測位の位置と基準局間の距離（基線長）が比較的小さいことが条件となる．RTK-GNSS ではおおむね 10km 以内であることが必要とされている．場所によって，電離層遅延などの誤差要因の影響が異なるためである．基準局を公開し，そことネットワーク接続してリアルタイムに補正する構成が RTK-GNSS 方式として広く展開しつつある．測位方式の比較を**表11.1**にまとめる．

表 11.1　GNSS 測位方式の比較

	単独測位方式		相対測位方式	
	疑似距離	搬送波位相	D-GPS 方式	RTK-GNSS 方式
概要	4 個以上の衛星から送られてくる電波による疑似距離を利用	4 個以上の衛星から送られてくる電波の位相を利用	基準局での位置特定誤差で補正	基準局から疑似距離と搬送波位相の観測データを得て補正
位置精度	数 m〜数十 m 程度	数 mm〜数 cm 程度	数十 cm〜数 m 程度	数 cm〜数十 cm 程度
主な用途	ナビゲーション，車両運行管理	測量	交通情報，迷子・老人見守り	測量，農機自動運転

注：精度は参考程度．可視衛星数を含め各種条件によって変化する．海上保安庁が提供してきた D（Differential）GPS のサービスは 2019 年 3 月に終了している．

11.4　スマートフォンでの測位

　フィーチャー・フォンと呼ばれる携帯電話が普及していた第 3 世代から衛星による測位機能を実装した端末が提供されていた．ユーザ端末による GNSS 測位として，測位に必要な情報をすべて GNSS 衛星から受信する場合，端末の消費電力が大きくなるという問題がある．これに対して端末の通信機能を活用し，測位に必要な情報を GNSS 衛星のみからではなく，モバイルネットワークから受信する手法がとられている．すなわち，モバイル通信サービス事業者は GNSS 衛星からの信号を受信し，測位に必要な情報をアシストデータとして基地局を介してユーザ端末に送信する仕組みを構築している．端末は GNSS 衛星からの信号情報とこのアシストデータを用いて，端末単体での測位よりも短時間かつ低消費電力での測位を実現している．

　すでに述べたように，可視衛星が 4 機以上ないと測位はできない．ビルの谷間や屋内などでは測位が不可能となるケースが多い．この対策として，単一のシステムの衛星に加えてほかのシステムの衛星の受信を行う方式がある．具体的には，GPS 衛星に加えて GLONASS 衛星も利用する方法である．GPS 衛星とGLONASS 衛星とは軌道が大きく異なることもあり，従来では十分な可視衛星数が確保できない環境においても測位成功率を向上させることが可能になる．

　この方式による測位（**Assisted-GNSS 方式**）のシステム構成とシーケンスを

図 11.8 に示す．GRN（Global Reference Network）は各測位システムの地球局で受信した衛星情報を収集している．GRN はこの情報を定期的に SLP（SUPL（Secure User Plane Location）Location Platform）と呼ばれるアシストデータ配信などを行うサーバに定期的に配信する．この仕組みで，全世界で観測される全衛星情報を取得することができる．スマートフォンからの要求に対して SLP はスマートフォンの位置に応じた衛星情報を配信する．この構成で，測位計算に必要となる衛星情報を確保する．

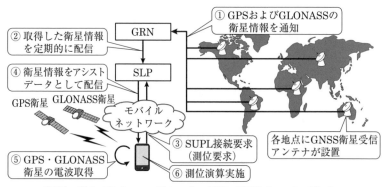

GRN：Global Reference Network　SLP：SUPL Location Platform

図 11.8 A-GNSS 測位のシステム構成とシーケンス

　可視衛星数が確保できない場合は，SLP で所持している概位置情報（端末が在圏する基地局単位の位置情報）を利用する．地下街などの屋内基地局装置のある環境下においては，GNSS 衛星の電波取得を行わずに，即座にこの概位置情報を測位結果としている．このような方法で，端末の電力の浪費を回避している．

11.5 屋内での測位

　すでに述べたように，衛星からの信号を用いた測位は基本的に屋内では適用できない．そのため，屋内ではほかの方法による位置の検出方法が屋内測位方法として各種提案されている．ここでは，その代表的な考え方を述べる．
　最も単純な方法は，その無線システムの受信範囲による方法である．電波の送

信源となる送信機からの信号の中の ID などの識別情報から受信機は識別でき
る．送信機の送信電力が小さく，通信範囲が狭ければ，より粒度の細かい測位が
可能になる．ただし，2.2 節で述べたようにマルチパスの影響によって，受信範
囲は単純な円形とはならないのが通常であり，測位というよりもその中にいる，
いないの2値判定とすることが多い．

無線 LAN を用いた方法として三辺測量に
基づく方法，後述する教師データにもとづく
方法が代表的な方法として提案されている．
前者は**図 11.9** に示すように，電波の受信強
度が距離に応じて減少する電波伝搬モデルを
前提にしている．複数のアクセスポイントの
位置とそのアクセスポイントからの電波の受
信強度から測位を行うものである．反射波な
ど環境の影響を考慮できないという精度劣化
要因がある．

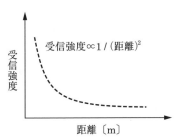

前提：距離に応じて受信強度が
単調減少する電波伝搬モデル

図 11.9 距離による受信強度の低
下

後者は事前に測位環境の電波の受信強度を測定し，教師データ[1]として保持し
ておく方法である．**図 11.10** に示すように，各位置でのアクセスポイントから
の受信強度を教師データとして記録する．測位はその場所での受信強度から教師
データを参照し，最も強度の近いアクセスポイントの位置を結果とするか，補間
などを行って推定する方法である．この方法は前者の方法と異なり，アクセスポ
イントの設置位置の情報は不要であるものの，教師データの作成の負担が大き

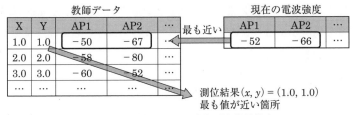

図 11.10 教師データにもとづく位置検出

---

1 フィンガープリントということもある．これは指紋という意味で，位置による受信強度
データのマップとなることから，このようにいうことも多い．

い．また，部屋のレイアウトの変更，什器の位置の変更によって教師データは変化するため適宜更新が必要となるという欠点がある．

なお，通信システムの利用ではないが慣性測位として加速度センサ，角速度センサ（ジャイロセンサ）を用いる方法がある．これは GNSS 信号が受信できないトンネルなどの場所や，電波の受信強度を用いない場合での測位方法である．車両や人など移動対象の加速度，角速度を検出し，それらの値から移動量，移動方向を求めて位置を推定するものである．これらのセンサはスマートフォンにも内蔵されており，ハード的には容易に実現できる方法である．一方で，人のセンサの所持方法の相違による検出データの変化，センサ出力のドリフトなどの影響があり，蓄積誤差が大きく，単独の方法では精度の確保が難しいという問題がある．

──────────────── **章末問題** ────────────────

1. 相関計算の例として，信号 x, y を乱数で発生させた $x = [1\,-1\,-1\,1\,1\,-1\,1\,-1\,1\,-1]$，$y = [-1\,-1\,1\,1\,1\,1\,1\,1\,1]$ であるとき，式 (11.5)，(11.6) を用いて $R_{xx}[0]$，$R_{xx}[5]$，$R_{xy}[0]$ を求めよ．ここで，要素をずらすことで要素が短くなる場合は，0 を付加して計算せよ（ゼロパディング）．例えば，$R_{xx}[5]$ の場合は，$[0\,0\,0\,0\,0\,1\,-1\,-1\,1\,1\,1]$ として計算せよ．

2. GPS のチップレート（二次変調における 0，1 系列の変化速度）が 1.023 Mcps（chip/sec）から 10.23Mcps になった場合，距離検出の分解能はどうなるか示せ．

3. 建物によるブロッキング環境の道路やトンネルの中など，GNSS による測位が困難な場所がある．このような場所ではどのようなしくみで位置を推定しているのか？　また，屋内ではどうか？

4. 内閣府が公開している次のサイトでは，衛星配置表示アプリが提供されている（GNSS View（https://qzss.go.jp/technical/gnssview/index.html））．サイトにアクセスして，各地域における可視衛星の種類とその数を調べよ．GNSS と呼ばれるシステムは複数あるので，各システムの衛星の可視数を確認せよ．

5. スマートフォンが Android OS の場合，GPSTest というアプリを使用し，建物がないオープンスカイ，高層ビル街，家の中（窓際，奥）や地下街など場所ごとによる可視衛星数の相違を確認せよ．捕捉している人工衛星の数，測位に利用している人工衛星の数，また衛星からの信号の強さ，方位角，仰角などが示されていることを確認せよ．

6. GNSS による測位情報の新たな適用例を検討し，グループ内で議論して1つのサービスとして提案せよ．

第12章

IoTシステム

　本章では，IoT システムの概要とシステムを構成する要素技術について説明する．まず，来るべきデータ駆動社会における IoT の位置付けとワイヤレス通信のためになぜ IoT システムを理解する必要があるのかについて述べる．

　Internet of Things（IoT）という用語は，1999 年に Auto-ID センター[1]の共同設立者であったイギリスのケヴィン・アシュトンが「センサをインターネットに接続し，コンピュータが自分で世界を感知して情報を収集するシステム」として提唱したとされる．その後，各種デバイスの小型化・低消費電力化，クラウドコンピューティング技術やビックデータ処理技術，そしてワイヤレス通信技術の進歩により，多種多様な IoT システムが出現し，ビジネスの革新，生産性の向上，あらたな価値の創出が期待されている．Industry 4.0[2]，Cyber-Physical System（CPS）[3]，Society 5.0[4]といった国内外の取り組みの実現にも IoT 技術は不可欠であり，このように注目される IoT システムには，ワイヤレス通信が欠かせない．

　来るべき**データ駆動型社会**（図 12.1）とは，データが付加価値を獲得して現実世界を動かす社会であるとされる．単にディジタルデータを収集，蓄積，解析するだけではなく実世界へのフィードバックを行う CPS によって，サイバー空

1　Auto-ID センターは 1999 年に設立された RFID の研究開発と標準化の組織で，その活動は研究開発を担う Auto-ID ラボラトリと標準化を担う EPCglobal（現在の GS1）に引き継がれた．
2　第 4 次産業革命という意味であり，スマートファクトリーの実現を目指しドイツ政府が主導する構想である．
3　サイバー空間と現実空間の相互連携を実現するコンピュータシステムであり，アメリカ国立科学財団（NSF）が提唱した．
4　サイバー空間と現実空間を高度に融合させたシステムにより，経済発展と社会的課題の解決を両立する人間中心の社会という意味である．政府が第 5 期科学技術基本計画において提唱した．

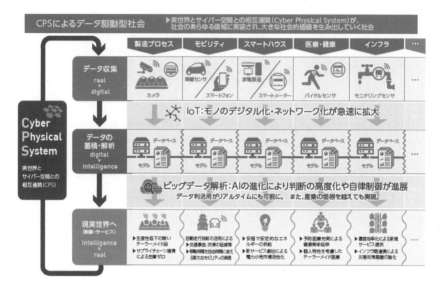

図 12.1 データ駆動社会の概念図（出典：経済産業省「中間取りまとめ〜CPS によるデータ駆動型社会の到来を見据えた変革〜」2015 年）

間と現実空間の相互連携を実現する．CPS の実現には，IoT によるモノのディジタル化・ネットワーク化がさまざまな産業に適用されることが必要不可欠となる．このようなデータ駆動型システムでは，データ収集を行う IoT システムと蓄積・解析を行うビッグデータ解析システムの機能やその機能の提供者，制御・サービスは多種多様となる．従って，システムの構成要素は，要素間の結びつきが緩やかで独立性の強い疎結合となる．

　ワイヤレス通信を IoT システムで活用するためには，IoT システムの特徴とその課題を理解する必要がある．まず，IoT システムは単独で機能するスタンドアロンシステムではない．IoT システムは，センサ・アクチュエータを備える IoT デバイス，収集したデータを処理・分析する IoT サーバ，それらの仲立ちをする IoT ゲートウェイから構成され，それらのデバイスのメーカーやサービスの提供者がそれぞれ異なる疎結合のシステムである．さらに，IoT システムのアプリケーションは多種多様である．そのため，アプリケーションとして必要な通信距離や通信速度についての要求条件，使用できる電源の制約条件により，何か 1 つのワイヤレス通信技術ですべてのアプリケーションに対応するというのは難

しい．このように，IoT システムを適切に構築するには，ワイヤレス通信技術を始めとした要素技術を適切に選択して組み合わせる必要がある．以降，システムの基本構成，IoT エリアネットワーク，IoT のプロトコル，IoT のデザインパターンについて述べる．

12.1 システムの基本構成

ここでは，IoT システムの基本構成について述べる．IoT システムは，**IoT デバイス**，**IoT サーバ**，**IoT ゲートウェイ**から構成される．IoT ゲートウェイが存在しない場合もある．IoT システムの構成例を**図 12.2** に示す．

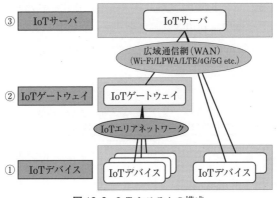

図 12.2　IoT システムの構成

IoT デバイスは，センサを備えデータを収集し，後述する IoT ゲートウェイや IoT サーバへ収集したデータを送信する．また，IoT デバイスは，アクチュエータを備えたものもあり，IoT サーバからの要求に応じてアクチュエータを駆動する．

IoT サーバは，収集したデータを加工・分析するサーバである．実際には，**図 12.1** のデータの蓄積・解析，制御・サービスの機能をすべて含み，いくつかのサーバから構成されることもある．応用によっては，IoT デバイスに備えるアクチュエータの駆動を要求する．

　IoT ゲートウェイは，IoT デバイスと IoT サーバの中継を行う機器であり，その主要な機能としてメッセージ交換やプロトコル変換が挙げられる．IoT ゲートウェイは，IoT デバイスの処理能力や電力の制約を補う機能を担うため，IoT ゲートウェイのハードウェアは IoT デバイスと比較して高機能でより安定した電源を備える．IoT ゲートウェイとして，スマートフォンや PC など任意のデバイスを用いることはできるが，主要な機能であるメッセージ交換，プロトコル変換，任意のローカルアプリケーションの管理，それらの連携のための共通基盤として Open Service Gateway initiative（OSGi）に代表されるサービス・ゲートウェイ（**図 12.3**）が利用できる．OSGi は，OSGi アライアンスによって標準化された Java ベースのソフトウェア・コンポーネントであり，Java VM 上で動作する OSGi フレームワークとバンドルと呼ばれる個別の機能に対応するプログラムから構成される．バンドルは，OSGi によって仕様化された基本サービスバンドルと用途に応じて開発・利用されるアプリケーションバンドルに分けられる．OSGi では，外部から IoT ゲートウェイにバンドルを配布して導入するバンドル配布機能も利用できる．

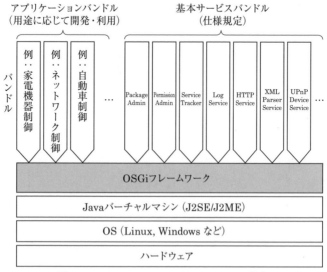

図 12.3 OSGi による IoT ゲートウェイの構成

IoT デバイスは，**図 12.2** の右側のように広域通信網（WAN）を介してインターネットに直接接続されることもあるが，IoT デバイスのハードウェアや電力の制約により IoT 専用のワイヤレス通信技術を使用して，**図 12.2** の左側のように IoT ゲートウェイを介して接続されることも多い．後者の形態における IoT デバイスと IoT ゲートウェイ間のネットワークを **IoT エリアネットワーク**と呼ぶ．インターネットの通信はエンド・ツー・エンドで同じプロトコルを使用することを基本としている．しかし，HTTP や TCP といったインターネットの代表的なプロトコルは，そのオーバヘッドやハンドシェイクのコストから IoT エリアネットワークで使用するのに適さない．そこで，低コスト，低消費電力を指向するプロトコルが IoT エリアネットワークで使用され，IoT ゲートウェイでプロトコルの変換が行われる．IoT エリアネットワークの詳細については，12.2 節で述べる．

IoT ゲートウェイにおいて情報処理を行うことで，システム全体の処理遅延の削減，データ通信量の削減，IoT デバイスの簡素化，IoT サーバの負荷低減を図ることができる．この技術を**エッジコンピューティング**という．**図 12.1** では，データ収集，データの蓄積・解析，現実世界へ（制御・サービス）の 1 つのサイクルが形成されていることがわかる．このサイクルを IoT ゲートウェイで分割することで先に述べた目的を実現する．IoT デバイスでも同様の処理を行うことがあり，カメラデバイスが画像認識を行うなど，この情報処理が人工知能に類する処理である場合，**エッジ AI** とも呼ばれる．

12.2　IoT エリアネットワーク

本節では，IoT エリアネットワークについて，そのネットワーク・トポロジの分類とワイヤレスシステムについて紹介する．

(1) IoT エリアネットワークにおけるネットワーク・トポロジの分類

IoT 以外のワイヤレスシステムが親機と子機の直接接続の形態（スター型トポロジ）をとることが多いのに対し，IoT エリアネットワークでは IoT デバイスの機能制約などからその**ネットワーク・トポロジ**が多様になる．代表的なネットワーク・トポロジの例（**図 12.4**）を参照しながら IoT エリアネットワークに使

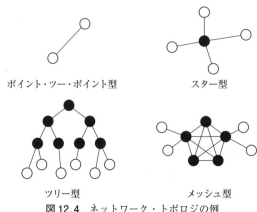

ポイント・ツー・ポイント型　　　　　　スター型

ツリー型　　　　　　　　　　メッシュ型
図 12.4 ネットワーク・トポロジの例

用される技術を以下に分類する．ただし，複数のトポロジが構成できる技術もあり，すべて網羅すると煩雑なるため，必ずしも厳密な分類ではない．

ポイント・ツー・ポイント型：スター型トポロジのエンドデバイスが１つという場合も該当するが，純粋なポイント・ツー・ポイント型としては，第９章で紹介した衛星通信システムに加え，無線ブリッジ，ワイヤレス通信システムではないが電力線通信（PLC：Power Line Communication）が挙げられる．

スター型：スター型トポロジとしては，第７章で紹介したモバイル通信システム，第８章で紹介した無線 LAN システム，第 10 章で紹介した Bluetooth Classic，BLE，LPWA などが挙げられる．

ツリー型：ツリー型トポロジとしては，第 10 章で紹介した ZigBee などの各種ワイヤレスセンサネットワークが挙げられる．

メッシュ型：メッシュ型トポロジとしては，第 10 章で紹介した Bluetooth Mesh や Wi-SUN などのメッシュネットワークが挙げられる．

(2) IoT エリアネットワーク特有のワイヤレスシステム

IoT エリアネットワークには，第 7~10 章で紹介した無線システム以外にも IoT 特有のワイヤレスアクセスと呼べるものがある．ここでは，Z-wave，EnOcean，6LoWPAN について紹介する．

① Z-Wave

Z-Wave は，Z-Wave アライアンスによって標準化が行われているホームオー

トメーションとワイヤレスセンサネットワークのための無線プロトコルであり，米国やヨーロッパを中心に普及している．Z-Wave の物理層および MAC 層の規格は，ITU-T 勧告 G.9959 に準拠している．Z-Wave のネットワーク・トポロジはメッシュ型である．ほかのワイヤレスセンサネットワークが PAN コーディネータなどと呼ばれる特別なネットワークノードを必要としているのに対し，Z-Wave はコーディネータを不要としている．日本では 920MHz 帯で利用できる．

② EnOcean

EnOcean は，エナジハーベスティング技術による自律給電の無線デバイスに最適化された，主にビルオートメーション向けのワイヤレス通信規格である．このエナジハーベスティング技術は，例えばスイッチを押す力による運動エネルギー，太陽電池による光エネルギーなど，端末の周囲に存在するエネルギーを獲得する技術のことである．EnOcean の典型的なデバイスは，照明装置とその壁スイッチである．スイッチを操作する際にスイッチを押す力による運動エネルギーを用いて発電し，その電力を用いてワイヤレス通信を行うことで照明を操作する．EnOcean のワイヤレス通信では，連送と ACK なし片方向通信が用いられている．EnOcean デバイスからの送信パケットがほかのデバイスからのパケットと衝突した際に再送せず，はじめから 1 つのテレグラム（EnOcean における送信データの呼称）をランダムな間隔で 3 回サブテレグラムとして連送し，受信確率を上げている．3 回のサブテレグラムは，個々のデバイス ID に応じてランダムに生成される時間間隔に従い，送信完了時間（25ms）までに送信される．また，ACK なし片方向通信により，ACK を待つための受信動作を省略しスリープすることにより，消費電力の削減を行っている．EnOcean の物理層，データリンク層，ネットワーク層は ISO/IEC 14543-3-10 において規定されている．ネットワーク層より上位層は，EnOcean アライアンスが標準化を進めている．日本では 920MHz 帯で使用できる．

③ 6LoWPAN

IPv6 over Low-Power Wireless Personal Area Networks（**6LoWPAN**）は，制約のあるデバイス（constrained devices）から構成されるネットワーク上で IPv6 の通信を実現するためのプロトコルである．具体的には，IEEE 802.15.4 に基づくネットワーク上で IPv6 の通信を実現する．6LoWPAN は，インターネッ

ト関連の標準化団体である IETF[1]で標準化された．もともとインターネットにおける IP 通信は，特定のデータリンクに依存しない通信仕様であり，ネットワーク上の全ノードが途中のノードでデータを改変されることなく，ほかの任意のノードにパケットを送信できるエンド・ツー・エンド接続性が特徴である．例えば，ネットワークアドレス変換（NAT）が通信の途中に介在することによりこのエンド・ツー・エンド接続性が損なわれる．また，ZigBee とインターネット上のサーバを用いた IoT システムでは，シンクノードと呼ばれるゲートウェイで通信が分断されて，やはりエンド・ツー・エンド接続性が損なわれる．6LoWPAN では，IEEE 802.15.4 で接続されるデバイスは IPv6 アドレスをもつ．IEEE 802.15.4 の MAC フレームが最大 127 バイトと短く，IPv6 の最小 MTU1280 バイトを満たせない．そこで，パケットの分割と再結合，ヘッダ圧縮などを行い，省電力無線での効率的な IPv6 通信を可能にしている．

12.3 IoT のプロトコル

IoT システムでは，システムについての制約条件や要求条件が多岐にわたることから，プロトコルについても複数の候補から適切なものを選択する必要がある．本節では，2016 年にリリースされた oneM2M 技術仕様書リリース 2[2]に規定されている HTTP，CoAP，MQTT，WebSocket について説明する．

(1) HTTP

HTTP は，HTML で記述された文書を転送するためのプロトコルであり，もとは Web ブラウザと Web サーバが通信する際に用いられていた．プロトコルの汎用性が高いため，現在では Web を含めたさまざまな用途で利用されている．また，後述するほかの IoT のプロトコルはネットワークによってはフィルタリングされて使用できないこともあるが，HTTP は広く普及しているプロトコルであり，ほとんどのネットワークで使用できる．さらに，HTTP はステー

1　IETF は，Internet Engineering Task Force の略であり，インターネット技術の標準化を推進する団体である．
2　IoT 技術の標準化団体である oneM2M が発行する技術仕様書．2015 年にリリース 1，2016 年にリリース 2，2018 年にリリース 3 が発行された．

トレスなプロトコルである．これは，IoT サーバが膨大な IoT デバイスに対応するのに都合がよい．IoT システムでは，HTTP は Representational State Transfer（**REST**）および JavaScript Object Notation（**JSON**）と組み合わせて使用されることも多い．REST は，厳密な技術仕様ではなく，Web API の定義に使用されるアーキテクチャスタイルといわれる．REST では HTTP メソッドを用いてステートレスなリソースの要求と応答を実現している．JSON は，テキストベースのデータ記述言語であり，プログラミング言語を問わず利用できる．このように，HTTP は多少冗長な点もあるが IoT に特化したネットワーク構成でない環境で導入しやすい特徴がある．

　一方，IoT システムに HTTP を使用するには不向きな点もある．通常の Web のトラフィックと比較して，IoT システムで使用するメッセージはサイズが小さい．また，システム全体のトラフィックはメッセージ数が多く，その内容がメッセージごとに異なることからキャッシュが効きにくい．さらに HTTP/2 までは，トランスポート・プロトコルとして TCP を用いて[1]おり，ハンドシェイクなどオーバヘッドが大きく遅延の影響を受けやすい．このようなトラフィックを低速で小さなメッセージサイズを想定する IoT エリアネットワークにそのまま送るには適さないと考えられる．

(2) CoAP

　Constrained Application Protocol（**CoAP**）は，RFC[2] 7252 で定義されたプロトコルである．Constrained Application とは，制約のあるデバイス向けに特化したインターネットアプリケーションのことを指し，本書の用語でいえば IoT デバイスのためのプロトコルを意味する．HTTP との互換性を特徴としており，IoT ゲートウェイでプロトコル変換を行うことで，IoT デバイスと IoT ゲートウェイ間では CoAP を，IoT ゲートウェイと IoT サーバ間では HTTP を使用する構成が可能となる．CoAP ではメッセージはバイナリ形式でエンコードされ，HTTP では冗長なヘッダを 4 バイトまで圧縮する（**図 12.5**）などして通信量を

1　2022 年に RFC 9114 として標準化された HTTP/3 ではトランスポート・プロトコルとして UDP を採用するなど大幅に改良されている．

2　Request for Comments の略で，インターネットの標準や運用などについて情報共有を行うために公開される文書である．

オフセット	オクテット	0								1								2								3							
オクテット	ビット	0	1	2	3	4	5	6	7	8	9	10	11	12	13	14	15	16	17	18	19	20	21	22	23	24	25	26	27	28	29	30	31
4	32	VER		タイプ		トークンの長さ				CoAP要求/応答コード								メッセージID															
8	64	トークン（0〜8バイト）																															
12	96																																
16	128	オプション（存在する場合）																															
20	160	1	1	1	1	1	1	1	1	ペイロード（存在する場合）																							

図 12.5　CoAP のヘッダ

大幅に削減している．また，トランスポート・プロトコルに UDP を採用してハンドシェイクを省略するなど，IoT エリアネットワークでの利用に適している．

(3) MQTT

　Message Queuing Telemetry Transport（**MQTT**）は，メッセージ指向のアプリケーションで使用される Pub/Sub 型データ配信モデルの軽量なデータ配信プロトコルである．MQTT は，OASIS（Organization for the Advancement of Structured Information Standards）により標準化されている．MQTT は非同期メッセージングの一種であり，同じ非同期メッセージングのメッセージキューと違い送信者は受信者を想定しない．Pub/Sub 型というのは，メッセージの出版（送信）と購読（受信）に基づいてメッセージを配信するモデルであり，出版購読型とも呼ばれる．Pub/Sub 型では，出版側と購読側の結合度は低く，スケーラビリティを実現しやすい．このように，MQTT は軽量かつ平易なプロトコルであり，IoT デバイスからのデータの配信のみならず，少量のデータが多数のデータソースから発生し，多くの地点でデータを処理するシステムではよく利用される．

　MQTT の構成例を**図 12.6** に示し，その仕組みを説明する．MQTT では，メッセージを出版するパブリッシャはブローカに接続しトピックを指定した上でメッセージを送信する．送信されたメッセージは，パブリッシャが接続したブローカが受信する．メッセージを受信するサブスクライバは，接続したブローカ

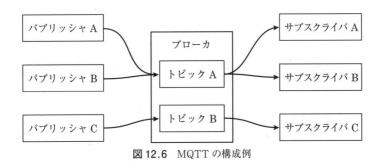

図 12.6 MQTT の構成例

のトピックをあらかじめ購読しておく．ブローカは，パブリッシャがメッセージ
に設定したトピックとサブスクライバがブローカに登録したトピックを照合し，
新たなメッセージがトピックに送信されるたびにメッセージをサブスクライバに
配信する．あるトピックを購読するサブスクライバはすべて同じメッセージを受
信する．

　トピックを使い分けることで，パブリッシャとサブスクライバの多対多の関係
を制御できる．**図 12.6** の例では，パブリッシャ A と B が発行するメッセージ
はトピック A を介してサブスクライバ A と B に，パブリッシャ C からのメッ
セージはトピック B を介してサブスクライバ C に配信される．また，トピック
は，配信先条件を / 区切りの階層構造で表現し，任意の文字や文字列を表すワ
イルドカードで指定することもできる．+ はシングルレベル，# はマルチレベル
のワイルドカードを表す．例えば，**図 12.7** のように，あるブローカに office/
tokyo/5F/temp，office/tokyo/6F/temp，office/atsugi/5F/temp，office/
atsugi/5F/humid の 4 つのトピックがあったとする．例えば，office/+/5F/
temp は図の右上の 2 つのトピックを，office/atsugi/# は，図の右下の 2 つのト
ピックを表す．このように，ワイルドカードを使用して購読するトピックを指定
できる．

　ほかの MQTT の機能として，サービス品質のレベルを設定する Quality of
Service（QoS）や，ブローカでメッセージを保持しておく Retain が挙げられ
る．MQTT の QoS はメッセージの配信のサービス品質として，QoS 0〜2 まで
の 3 段階で設定できる．QoS 0 では，メッセージが最大 1 回送信されるが，送信
先に受信される保証はない．QoS 1 では，メッセージが最低 1 回送信されるが重

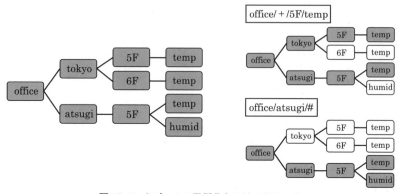

図12.7 トピックの階層化とワイルドカード

複して受信される可能性がある．QoS 2 では，確実に 1 度配信される．Retain は，ブローカが最後に受信したメッセージを保持し，新しい購読を受けるとそのメッセージを通知する機能である．パブリッシャがメッセージ発行時に Retain フラグを設定することで，サブスクライバがトピックを登録した時点でそのメッセージを受信することができる．

(4) WebSocket

WebSocket は，双方向のリアルタイム通信を実現するプロトコルである．初期の Web において双方向通信をするには，HTTP しか選択肢がなく HTTP のロングポーリング[1]を使うなどして強引に双方向通信を実現していた．この手法はオーバヘッドが大きいため，一般的な Web においても負荷が大きく，特に IoT システムには不向きである．通信コストや消費電力の低減が求められる IoT システムでは，WebSocket を利用することで，クライアントとサーバ間でのセッション数とヘッダ情報量が低減できる．また，複数の IoT デバイスが参照するリソースの状態をいずれかのデバイスが更新した際，WebSocket を用いた双方向通信によりほかの IoT デバイスにその更新を速やかに通知することができる．

---

1 通常のポーリングでは，サーバはクライアントの HTTP リクエストに対する HTTP レスポンスをすぐに返すのに対し，ロングポーリングではデータが更新されるまで HTTP レスポンスを保留する．

　図 12.8 に WebSocket のシーケンスを示す．WebSocket では，最初に HTTP
プロトコルを用いてハンドシェイクを行い，クライアントとサーバ間でセッショ
ンを確立する．これは，通常のハンドシェイクと異なり，HTTP のアップグ
レードを行う．ハンドシェイクでセッションを確立した後には，クライアントと
サーバ間でデータフレーミングのやりとりによる双方向の通信が可能となる．フ
レームは，ペイロードサイズが小さくても効率よくデータを送信ができる．最後
に，クロージングによりセッションを閉じる．

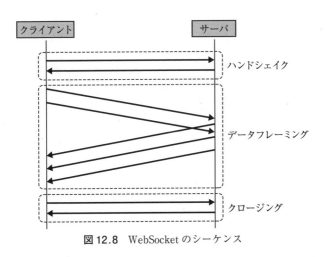

図 12.8 WebSocket のシーケンス

12.4 IoT のデザインパターン

　デザインパターンとは，過去の設計ノウハウを蓄積し，名前をつけ，再利用し
やすいように特定の規約に従ってカタログ化したものとされる．デザインパター
ンは，ソフトウェア開発，クラウドコンピューティング，ネットワーク，クラウ
ドなどさまざまな領域で提案され利用されている．ソフトウェアやシステムの設
計者・開発者が共通のデザインパターンについて理解し利用することは，多くの
メリットがある．IoT の分野でも，例えば，米国アマゾンが提供する IoT デザ
インパターンである IoT Atlas が利用できる．**図 12.9** は，IoT Atlas で利用可能
な 7 つのデザインであり，ここで簡単に紹介する．各パターンは，IoT デバイ

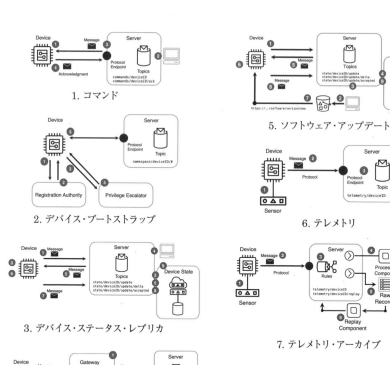

図12.9 IoT Atlas のデザインパターン (出典: https://iotatlas.net/en/patterns/)

ス，IoT サーバ，IoT ゲートウェイの一部から構成され，IoT デバイスにはセンサを備えていることもある.

① **コマンド・パターン**：デバイスに単一のアクションを実行するように要求し，要求されたアクションが完了すると，デバイスはコマンド完了メッセージをサーバに発行する.

② **デバイス・ブートストラップ・パターン**：登録局 (RA) と特権エスカレータを用いて，未登録のデバイスが登録される.

③ **デバイス・ステータス・レプリカ・パターン**：デバイス状態のレプリカであり，デバイスの状態を変更あるいはデバイスで発生した状態変化を反映する.

④ **ゲートウェイ・パターン**：インターネットに直接接続できないデバイスを，ゲートウェイがデバイスおよびクラウドの間の仲介役として機能する. サーバがメッセージを受信するアップ・ゲートウェイとデバイスがメッセージを受信するダウン・ゲートウェイがある.

⑤ **ソフトウェア・アップデート・パターン**：デバイスは新しいソフトウェアを入手し，アップデートを実行，完了の確認をする.

⑥ **テレメトリ・パターン**：デバイスのセンサからデータを収集し，その測定値をサーバで使用できるようにする.

⑦ **テレメトリ・アーカイブ・パターン**：デバイスの測定値が保存され，もとの形式または処理された形式で使用できるようにする. リアルタイム処理・バッチ処理，保存および再生機能を提供する.

───────────────── **章末問題** ─────────────────

1. IoT デバイス，IoT ゲートウェイおよび IoT サーバで構成された，温度・湿度管理システムがある. IoT デバイスとその近傍に設置された IoT ゲートウェイとの間を接続するために使用する，低消費電力のワイヤレス通信の仕様として，適切なものはどれか.
   選択肢（BLE, OSGi, 5G, PLC）

2. IoT システムを構築するにあたり，IoT ゲートウェイの有無による利害得失を論じよ.

3. EnOcean のデバイスが国内のどのようなところで使用されているか調べよ.

4. MQTT の環境を構築するためのソフトウェアやクラウドサービスとして利用可能なものを調べよ.

付 録

付録 A　電波法と無線局免許

　ワイヤレス通信システムでは，同一周波数の電波を同じ時刻，同じ場所（電波が伝わる範囲内で）で使用すると，互いに干渉し，通信性能が劣化する．場合によっては，通信そのものが困難となる．

　電波として法律で規定されている周波数の範囲は，$0 \sim 3\mathrm{TH_z}$ までの有限の範囲であるが，この中で有効に活用していく必要がある．そのために，世界的には ITU によって行われる **WRC**（World Radiocommunication Conference：世界無線通信会議）で各周波数帯の使用領域が調整されて RR（Radio Regulations：無線通信規則）が規定されており，これに基づいて日本では**電波法**が制定されている．その第1条では，「この法律は，電波の公平かつ能率的な利用を確保することによって，公共の福祉を増進することを目的とする」と定められており，有限な周波数資源を公平，効率的に利用し，国民全体がその恩恵を受けることを基本理念としている．

　本法令の第4条では「無線局を開設しようとする者は，総務大臣の**免許**を受けなければならない」と規定されている．不法電波が救急医療や防災情報など，人命にかかわる重要な通信の妨害となる場合もあり，無免許で電波を送信することを禁じるとともに，違反者に対する罰則規定も設けられている．したがって，個人的な趣味で運用するアマチュア無線局についても総務大臣の免許を受ける必要がある（実際には，総務大臣から権限を委任されている地方機関の長が免許を交付する）．

　一方で，より多くの人が，ワイヤレス通信システムの利便性を享受するためには，できるだけ規制を緩和し，使用に当たっての障壁を小さくすることが望まれる．そのため，送信電力の小さい微弱無線局などが第4条の規定から除外されており，免許取得なしに利用できるようになっている．微弱無線局の電界強度の条件を図 A.1 に示す．

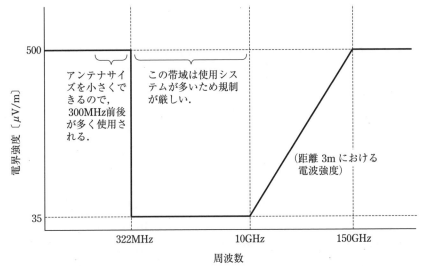

図 A.1　微弱無線局の電界強度

　無線 LAN，ZigBee，Bluetooth などについては，開発ベンダはそれらの機器が電波法で定める技術基準に適合していることを示す証明機関の**技術基準適合認定**を得て，機器を出荷している．これらの機器には図 A.2 の**技適証明マーク**が必ず貼られており[1]，このマークを付与された機器は免許不要で使用可能である．また，携帯電話は，包括免許制度によってサービスを提供している通信事業者が一括して免許を受けることで，携帯電話の契約者は免許不要で使用できるようになっている．

図 A.2　技適証明マーク

1　マークは設備本体や外部のディスプレイによって表示することも認められている．

付録 B デシベル表記

ワイヤレス通信システムでは、**デシベル表記**[dB]がアンテナ利得以外、例えば出力電力や伝搬損失などでも使われている。この表記について、ここで定義式を示して説明を加えておく。

例えば電力を例にとったとき、電力 P のデシベル値 A[dB]は、基準値を P_0 として以下で与えられる。

$$A[\mathrm{dB}] = 10 \log \frac{P}{P_0} \tag{B.1}$$

したがって、デシベル値そのものは絶対的な物理量ではなく、基準値と比較した相対的な数値である。式(B.1)のとおり対数値を10倍するが、電圧、電界強度などの場合は、20倍をとる必要がある。これは、電圧 V、基準電圧 V_0 が同一の抵抗値 R の両端にかかっているとし、その電力で比較すると、以下の式から明らかである。

$$10 \log \frac{P}{P_0}[\mathrm{dB}] = 10 \log \frac{V^2/R}{V_0^2/R} = 10 \log \left(\frac{V}{V_0}\right)^2 = 20 \log \frac{V}{V_0} \tag{B.2}$$

式(B.1)の定義からも明らかなように、3dB の増減は基準値に対して2倍もしくは半減となる。**表 B.1** にデシベル値と基準値の変化の関係を示す。

受信電力などの記述でよく使用される dBW, dBm, dBμ は、それぞれ1W, 1mW, 1μW を基準とした値であり、絶対的な物理量に変換できる。0dBW, 30dBm, 60dBμ はともに1W を示している。

表 B.1　デシベル値と基準値の変化

デシベル値の変化	基準値との比
−10	1/10 倍
−6	1/4 倍
−3	1/2 倍
0	1 倍（変化なし）
3	2 倍
6	4 倍
10	10 倍
20	100 倍
30	1000 倍

付録 C　C/N とシャノンの限界

シャノンはキャリアの信号電力 C と雑音電力 N が与えられた場合，伝送速度（伝送容量と呼ぶこともある）R〔bps〕は，伝送帯域幅を B〔Hz〕として

$$R = B \log_2 \left(1 + \frac{C}{N}\right) \fallingdotseq B \log_2 \frac{C}{N} \tag{C.1}$$

で記述できることを示した．この式からも伝送速度が帯域幅の拡大と C/N の改善によって向上することが明らかである．式の上では雑音がない場合は R は無限となるが，B，C/N ともに現実には限界がある．一定の周波数帯域幅における伝送容量の上限のことをシャノンの限界という．

変調方式のガウス雑音に対する強さは，E_b/N_0（受信 1 ビットあたりのエネルギー E_b〔J〕と 1Hz あたりの雑音電力 N_0〔W/Hz〕）で決まる．上記 C，N，B に加えて，シンボル長（信号の時間長）を T〔s〕，1 シンボルあたりのビット数を n とすれば，T の時間におけるエネルギーは nE_b であるから，C/N と E_b/N_0 の関係式は以下で与えられる．

$$\frac{C}{N} = \frac{nE_b/T}{N_0 B} = \frac{n/T}{B} \cdot \frac{E_b}{N_0} \tag{C.2}$$

ここで，n/T は 1s あたりに伝送できるビット数であり R である．したがって，式(C.3)が成り立つ．R/B は，その意味から 1s・1Hz あたりで伝送できる

ビット数であり周波数利用効率を表している.

$$\frac{C}{N} = \frac{R}{B} \cdot \frac{E_b}{N_0} \tag{C.3}$$

　この式は E_b/N_0 が一定という条件下では，C/N に比例して周波数利用効率が向上すること，C/N が一定という条件下では，伝送効率が大きくなるほど E_b/N_0 の向上が必要であることを示している．帯域には余裕があるが電力の制約が大きい場合は E_b/N_0 で，帯域幅の制約がある場合は C/N 対誤り率で評価する場合が多いようである.

付録D　フーリエ変換

　ある時間領域のデータや関数をそれらを構成している各周波数成分に分解することを**フーリエ変換**，その逆に周波数成分を時間変化するデータ，時間関数に変換することを**逆フーリエ変換**という．同様に，離散データを扱うものが離散フーリエ変換であり，これを計算機上で行う処理が高速フーリエ変換（FFT：Fast Fourier Transformation）と呼ばれる操作である（逆の操作の場合は IFFT（Inverse FFT））．これらの処理は MPU 技術の進展によって，小型なチップで高速に可能となり，その技術は通信分野のみならず音声処理，画像処理など多くの分野で利用されている.

　図 D.1 にフーリエ変換，逆フーリエ変換による信号波形を示す．図は，数種類の周波数成分から構成される信号を示している．この図では，スペクトル波形はパルス状（線スペクトル）になっているが，我々が扱っている信号は多数の周波数成分をもつ信号が普通であり，この場合はある帯域幅をもった信号となる.

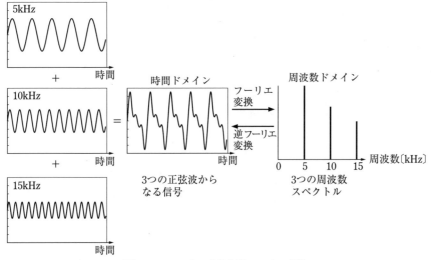

図 D.1 フーリエ変換と逆フーリエ変換

　OFDM 信号を得るには，直並列変換したベースバンド信号でサブキャリアを変調して合成する．この合成した式が逆フーリエ変換とまったく同じ式になるので，実際の回路でも逆フーリエ変換の処理が行われている．

付録 E　数学公式

(1) 三角関数

[二角の和および差]

①　$\sin(\alpha \pm \beta) = \sin \alpha \cos \beta \pm \cos \alpha \sin \beta$

②　$\cos(\alpha \pm \beta) = \cos \alpha \cos \beta \mp \sin \alpha \sin \beta$

③　$\tan(\alpha \pm \beta) = \dfrac{\tan \alpha \pm \tan \beta}{1 \mp \tan \alpha \tan \beta}$

④　$\cot(\alpha \pm \beta) = \dfrac{\cot \alpha \cot \beta \mp 1}{\cot \beta \pm \cot \alpha}$

⑤　$\sin \alpha + \sin \beta = 2 \sin \dfrac{1}{2}(\alpha+\beta) \cos \dfrac{1}{2}(\alpha-\beta)$

⑥　$\sin \alpha - \sin \beta = 2 \cos \dfrac{1}{2}(\alpha+\beta) \sin \dfrac{1}{2}(\alpha-\beta)$

⑦　$\cos \alpha + \cos \beta = 2 \cos \dfrac{1}{2}(\alpha+\beta) \cos \dfrac{1}{2}(\alpha-\beta)$

⑧　$\cos \alpha - \cos \beta = -2 \sin \dfrac{1}{2}(\alpha+\beta) \sin \dfrac{1}{2}(\alpha-\beta)$

⑨　$\tan \alpha \pm \tan \beta = \dfrac{\sin(\alpha \pm \beta)}{\cos \alpha \cos \beta}$

⑩　$\cot \alpha \pm \cot \beta = \dfrac{\sin(\alpha \pm \beta)}{\sin \alpha \sin \beta}$

⑪　$\sin \alpha \sin \beta = \dfrac{1}{2}\cos(\alpha-\beta) - \dfrac{1}{2}\cos(\alpha+\beta)$

⑫　$\cos \alpha \cos \beta = \dfrac{1}{2}\cos(\alpha-\beta) + \dfrac{1}{2}\cos(\alpha+\beta)$

⑬　$\sin \alpha \cos \beta = \dfrac{1}{2}\sin(\alpha+\beta) + \dfrac{1}{2}\sin(\alpha-\beta)$

⑭　$\tan \alpha \tan \beta = \dfrac{\tan \alpha + \tan \beta}{\cot \alpha + \cot \beta} = -\dfrac{\tan \alpha - \tan \beta}{\cot \alpha - \cot \beta}$

⑮　$\cos\alpha \pm \sin\alpha = \sqrt{2}\,\sin\left(\dfrac{1}{4}\pi\pm\alpha\right) = \sqrt{2}\,\cos\left(\dfrac{1}{4}\pi\mp\alpha\right)$

[倍角および半角]

①　$\sin 2\alpha = 2\sin\alpha\cos\alpha$

②　$\cos 2\alpha = \cos^2\alpha - \sin^2\alpha = 1 - 2\sin^2\alpha = 2\cos^2\alpha - 1$

③　$\tan 2\alpha = \dfrac{2\tan\alpha}{1-\tan^2\alpha}$

④　$\cot 2\alpha = \dfrac{\cot^2\alpha - 1}{2\cot\alpha}$　　　⑤　$\sin 3\alpha = 3\sin\alpha - 4\sin^3\alpha$

⑥　$\cos 3\alpha = 4\cos^3\alpha - 3\cos\alpha$　　⑦　$\tan 3\alpha = \dfrac{3\tan\alpha - \tan^3\alpha}{1-3\tan^2\alpha}$

⑧　$\sin \dfrac{1}{2}\alpha = \pm\sqrt{\dfrac{1-\cos\alpha}{2}}$　　　⑨　$\cos \dfrac{1}{2}\alpha = \pm\sqrt{\dfrac{1+\cos\alpha}{2}}$

⑩　$\tan \dfrac{1}{2}\alpha = \dfrac{\sin\alpha}{1+\cos\alpha} = \dfrac{1-\cos\alpha}{\sin\alpha} = \pm\sqrt{\dfrac{1-\cos\alpha}{1+\cos\alpha}}$

(2) 対数　(a, x, y はすべて正；m, n は正の整数)

①　$\log_a a = 1$

②　$\log_a 1 = 0$

③　$\log_a xy = \log_a x + \log_a y$

④　$\log_a (x/y) = \log_a x - \log_a y$

⑤　$\log_a (1/y) = -\log_a y$

⑥　$\log_a x^n = n\log_a x,\ \ \log_a x^{n/m} = (n/m)\log_a x$

⑦　$\log_a b \times \log_b a = 1$

⑧　$\log_a x = \dfrac{\log_b x}{\log_b a} = \log_b x \times \log_a b$

　10 を底とする対数を常用対数，$e = 2.71828\cdots\cdots$ を底とする対数を自然対数といい，$\log_e x = \log_e 10 \times \log_{10} x$，$\log_e 10 = 2.30258\cdots\cdots$ の関係がある．

(3) 指数　(a, b, p, q はすべて正)

①　$a^p \times a^q = a^{p+q}$　　　　　②　$a^p/a^q = a^{p-q}$

③　$(a^p)^q = (a^q)^p = a^{pq}$　　　④　$a^p \times b^p = (ab)^p$

⑤ $a^p/b^p = (a/b)^p$　　　⑥ $1/a^p = a^{-p}$

⑦ $a^0 = 1$　　　⑧ $0^p = 0$

付録 F　単位の接頭語

日本読み	名　称	表　示	倍　数
エクサ	exa	E	10^{18}
ペタ	peta	P	10^{15}
テラ	tera	T	10^{12}
ギガ	giga	G	10^9
メガ	mega	M	10^6
キロ	kilo	k	10^3
ヘクト	hecto	h	10^2
デカ	daka	da	10
デシ	deci	d	10^{-1}
センチ	centi	c	10^{-2}
ミリ	mili	m	10^{-3}
マイクイロ	micro	μ	10^{-6}
ナノ	nano	n	10^{-9}
ピコ	pico	p	10^{-12}
フェムト	femto	f	10^{-15}
アト	atto	a	10^{-18}

参考文献

全体にわたって

阪田史郎，嶋本薫編著『無線通信技術大全』リックテレコム（2007）

佐藤拓朗，藤田昇『RF ワールド No.2』CQ 出版社（2008）

相河聡『情報通信工学』森北出版（2022）

第 1 章

山崎靖夫『絵ときでわかる無線技術』オーム社出版局（2007）

鈴木誠史『電磁波と通信のしくみ』技術評論社（2006）

ベンジャブール アナスほか，「5G 無線アクセス技術」DOCOMO 技術ジャーナル Vol23，No.4，2016.

根本浩之「無線 LAN の最新技術」日経 NETWORK，日経 BP 社（2018.11）

第 2 章

吉川忠久『電波と通信』日本理工出版会（2007）

鈴木誠史『電磁波と通信のしくみ』技術評論社（2006）

三輪進『電波の基礎と応用』東京電機大学出版局（2007）

藤本京平『入門電波応用』共立出版（1993）

常川光一『RF ワールド No.11』CQ 出版社（2010）

第 3 章

中谷清一郎，正村達郎編著『やさしいディジタル衛星通信』電気通信協会（1993）

飯田尚志編著『衛星通信』オーム社出版局（1997）

山崎靖夫『絵ときでわかる無線技術』オーム社出版局（2007）

ANALOG DEVICES「MT-001 チュートリアル」https://www.analog.com/media/jp/training-seminars/tutorials/mt-001_jp.pdf（2022/11/04 確認）

第 4 章

飯田尚志編著『衛星通信』オーム社出版局 (1997)

服部武，藤岡雅宣編著『ワイヤレス・ブロードバンド教科書』IDG ジャパン (2002)

松江英明，守倉正博監修『802.11 高速無線 LAN 教科書』IDG ジャパン (2003)

髙橋健太郎「スマホのなかみ」日経 NETWORK，日経 BP 社 (2015.2)

第 5 章

横山光雄『移動通信ネットワーク』昭晃堂 (1993)

諏訪敬祐，家木俊温『情報通信システムの基礎』丸善株式会社 (2006)

安達文幸『通信システム工学』朝倉書店 (2007)

第 6 章

大友功，小園茂，熊澤弘之『ワイヤレス通信工学 (改訂版)』コロナ社 (2005)

鈴木誠史『電磁波と通信のしくみ』技術評論社 (2006)

松江英明，守倉正博監修『改定版 802.11 高速無線 LAN 教科書』IDG ジャパン (2005)

田村奈央「10M 超モバイル時代がやってくる」日経 NETWORK，日経 BP 社 (2008.6)

日経 NETWORK 編『無線 LAN & セキュリティ超入門』日経 BP 社 (2006)

神谷幸宏『RF ワールド No.31』CQ 出版社 (2015)

生岩量久『ディジタル通信・放送の変復調技術』コロナ社 (2008)

第 7 章

中嶋信生，有田武美『携帯電話はなぜつながるのか』日経 BP 社 (2007)

服部武，藤岡雅宣編著『ワイヤレス・ブロードバンド教科書』IDG ジャパン (2002)

立川敬二監修『W-CDMA 移動通信方式』丸善株式会社 (2001)

山内雪路『モバイルコンピュータのデータ通信』東京電機大学出版局 (1998)

堀越功「LTE が世界を覆う」日経コミュニケーション，日経 BP 社 (2008.6)

服部武，藤岡雅宣編著『5G 教科書』インプレス（2018）

髙橋健太郎「完全理解 5G のしくみ」日経 NETWORK，日経 BP 社（2020.6）

須山聡他，「5G 無線マルチアンテナ技術」DOCOMO 技術ジャーナル Vol.23，No.4，2016.

第 8 章

松江英明，守倉正博監修『改訂版 802.11 高速無線 LAN 教科書』IDG ジャパン（2005）

三宅功，斉藤洋編著『ユビキタスサービスネットワーク技術』電気通信協会（2003）

日経 NETWORK 編『無線 LAN ＆セキュリティ超入門』日経 BP 社（2006）

小林忠男監修『Wi-Fi のすべて』リックテレコム（2017）

岩波保則『改訂　ディジタル通信』コロナ社（2019）

西森健太郎『RF ワールド No.34』CQ 出版社（2016）

網野衛二「ネットワーク技術解説」日経 NETWORK，日経 BP 社（2021.12）

第 9 章

大友功，小園茂，熊澤弘之『ワイヤレス通信工学（改定版)』コロナ社（2005）

鈴木誠史『電磁波と通信のしくみ』技術評論社（2006）

鈴木喬他「スマートフォン向け位置測位方式の高度化」NTTDoCoMo テクニカルジャーナル，Vol.21，No.4，Jan. 2014

大内智晴，泉泰澄「地域衛星通信ネットワーク」Space Japan Review，No.54，February/March，2008.

第 10 章

モバイルコンピューティング推進コンソーシアム監修『IoT 技術テキスト（第 3 版)』リックテレコム（2021）

阪田史郎「パーソナルエリアネットワークとその動向」通信ソサイエティマガジン，電子情報通信学会，2007 年秋号，No.2

Bluetooth SIG，Inc.『Bluetooth 技術概要』https://www.bluetooth.com/ja-jp/

learn-about-bluetooth/tech-overview/（2022/11/04 確認）

鄭立『Zigbee 開発ハンドブック』リックテレコム（2006）

原田博司「短距離無線通信技術」電子情報通信学会会誌，vol.100，no.8（2017）

高橋幹，垣内勇人「LPWA（Low Power Wide Area）の規格と技術動向」電子情報通信学会会誌，vol.100，no.9（2017）

高橋幹，國澤良雄，神谷尚保，新保宏之「アンライセンスバンドを使用するLPWA（Low Power Wide Area）規格の最新動向」電子情報通信学会会誌，vol.102，no.5（2019）

京セラコミュニケーションシステム「Sigfox とは」https://www.kccs.co.jp/sigfox/service/（2022/11/04 確認）

第 11 章

坂井丈泰『GPS のための実用プログラミング』東京電機大学出版局（2007）

トランジスタ技術編集部編『GPS のしくみと応用技術』CQ 出版局（2009）

久保信明『衛星測位と位置情報』日刊工業新聞社（2018）

西尾信彦『屋内測位と位置情報』日刊工業新聞社（2018）

杉本末雄『GPS ハンドブック』朝倉書店（2010）

第 12 章

Kevin Ashton「Beginning the Internet of Things」
https://medium.com/@kevin_ashton/beginning-the-internet-of-things-6d5ab6178801（2022/11/04 確認）

経済産業省『中間とりまとめ「CPS によるデータ駆動型社会の到来を見据えた変革」』（2015）

モバイルコンピューティング推進コンソーシアム監修『IoT 技術テキスト（第 3 版）』リックテレコム（2021）

モバイルコンピューティング推進コンソーシアム監修『モバイルシステム技術テキスト（第 9 版）』リックテレコム（2021）

総務省「ICT スキル総合習得プログラム 講座 1-1」
（http://www.soumu.go.jp/ict_skill/pdf/ict_skill_1_1.pdf）（2022/11/04 確認）

おわりに

　ワイヤレス通信について理解することを難しく感じる読者もいるかもしれない．これは，基礎となる数理や物理法則，要素技術，および代表的なシステムやシステムの要求条件，制約条件といった事柄の積み上げがその理解に必要になるからと思われる．

　本書の読者は，ワイヤレス通信の分野を網羅的に理解し幅広い知識を得て，必要に応じてさらに特定の分野の専門性を高めたいと希望しているのではないか．唐突に，ある専門性を身に着けようとすると戸惑うこともあり，その周辺について教科書的な内容を事前に理解しておくことは有益である．この分野にはいくつも優れた教科書があるのは事実である．ただしその中には，初学者にとって難しいものもあるため，著者として「よくわかる」ことを心がけて本書を執筆したつもりである．また，よくわかることの前提として，何がわかればよいか読者自身が確認できたほうがよいと考え，章末問題で理解の確認をすることにした．

　著者は2人とも大学教員であるから，書籍を手に取ると教科書として使えそうか，この書籍を教科書にしたらどう授業を設計するか，学生のモチベーションをどのように高めるか日頃から考えている．よって，もちろん，教科書や参考書として授業で使うことを想定して本書の章立てを構成した．日本の大学は15週の授業を求められることが多い．読者が教員で本書を授業で使用するということであれば，本書は12章構成であるから各章を1週で割り振り，実習や調べ学習，あるいは，学科の特徴などから特に重点的に学習すべき授業を付け加えるなどしてほしい．

　読者が学生などであれば本書を読了したあと，必要に応じてより高度な内容に取り組み専門性を高めるか，あるいは，陸上特殊無線技士などの資格試験にチャレンジして体系的な知識をもっていることをアピールできるようにするのもよいと思う．

　最後に，本書を執筆するにあたってお世話になった方々に謝意を表したい．本書を執筆する機会と重要な助言を賜りました東京電機大学出版局　吉田拓歩氏，荒井美智子氏，池田優子氏に深く感謝します．本書の編集の過程で賜りました読

者の立場からの的確であまたの助言なくしては，本書は刊行に至らなかったと思います．また，川喜田研究室，田中研究室にて研究補助員として執筆活動をご支援いただいきました細野勝美氏に深く感謝します．

2023 年 3 月

川喜田佑介

索　引

【著者紹介】

田中　博（たなか・ひろし）

学　歴　北海道大学大学院工学研究科精密工学専攻修士課程修了（1985）
　　　　博士（工学）（1994）
職　歴　日本電信電話株式会社（NTT）横須賀電気通信研究所入所（1985）
　　　　宇宙開発事業団（現宇宙航空研究開発機構）出向（1994−1997）
　　　　衛星搭載通信機器，衛星通信システムおよびユビキタスサービスシステムの研究，実用化に従事．
　　　　神奈川工科大学情報学部情報工学科教授（2006-），現在，IoT と AI による応用システムの開発とその検証に関する教育研究に従事．
　　　　第36回電波技術協会賞受賞（2022）

川喜田佑介（かわきた・ゆうすけ）

学　歴　慶應義塾大学大学院後期博士課程修了（2008）博士（政策・メディア）
職　歴　慶應義塾大学大学院政策・メディア研究科特別研究講師（2008）
　　　　電気通信大学電気通信学部人間コミュニケーション学科特任助教（2008）
　　　　同大ユビキタスネットワーク研究センター特任助教（2010）
　　　　同大大学院情報理工学研究科総合情報学専攻助教（2012）
　　　　改組により，同大大学院情報理工学研究科情報学専攻助教（2016）
　　　　神奈川工科大学情報学部情報工学科准教授（2018-），現在，RFID を拡張したセンシングシステムをはじめとする IoT の研究に従事．

よくわかるワイヤレス通信　第2版

2009年 3月20日　第1版1刷発行	ISBN 978-4-501-33510-6 C3055
2021年 7月20日　第1版6刷発行	
2023年 4月10日　第2版1刷発行	

著　者　田中　博・川喜田佑介
© Tanaka Hiroshi, Kawakita Yuusuke 2023

発行所　学校法人 東京電機大学　〒120-8551　東京都足立区千住旭町5番
　　　　東京電機大学出版局　　Tel. 03-5284-5386（営業）03-5284-5385（編集）
　　　　　　　　　　　　　　Fax. 03-5284-5387 振替口座 00160-5-71715
　　　　　　　　　　　　　　https://www.tdupress.jp/

印刷：三美印刷（株）　製本：誠製本（株）　装丁：鎌田正志
落丁・乱丁本はお取り替えいたします．　　　　　　　Printed in Japan